图1 马铃薯脱毒苗

图2 发芽的马铃薯

图3 马铃薯田间生长状况

图4 马铃薯与玉米间套作

图5 垄薯3号

图6 垄薯5号

图 7 大西洋

图 8 夏波蒂

图 9 黑色马铃薯（黑佳丽）

图 10 青薯 9 号

图 11 红马铃薯 1

图 12 红马铃薯 2

图 13　红马铃薯 3

图 14　紫色马铃薯

图 15　种薯

图 16　马铃薯脱毒苗 1

图 17　马铃薯脱毒苗 2

图 18　马铃薯种薯基地

图 19　马铃薯田间生长状况

图 20　马铃薯与玉米间作

图 21　马铃薯采收

图 22　节水灌溉——喷灌

图 23　马铃薯喷灌 1

图 24　马铃薯膜下灌溉技术

图 25　马铃薯膜下滴灌 1

图 26　马铃薯膜下滴灌 2

图 27　马铃薯喷灌 2

图 28　**马铃薯** —— 玉米间套作

图 29　机械化播种

图 30　田间管理

图 31　马铃薯机械化播种

图 32　马铃薯做畦

图 33　大棚马铃薯栽培

图 34　马铃薯高畦栽培

图 35　马铃薯设施栽培

图 36　马铃薯种植基地

图 37　马铃薯繁种基地

图 38　马铃薯机械化采收

图 39　大棚马铃薯繁育种薯

图 40　水培马铃薯

图 41　马铃薯疮痂病

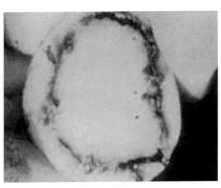

图 42　马铃薯环腐病

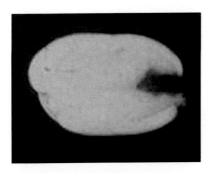

图 43　马铃薯黑胫病

图 44　病毒引起的马铃薯种性退化

图 45　马铃薯晚疫病

图 46　机械作业

·科学种菜致富问答丛书·

马铃薯高产栽培关键技术问答

MALINGSHU
GAOCHAN ZAIPEI
GUANJIAN JISHU WENDA

刘海河　张彦萍　主编

化学工业出版社

·北京·

内 容 简 介

本书详细、系统地介绍了马铃薯高产高效栽培的各项关键技术，包括马铃薯的栽培基础知识与实践，栽培类型及优良品种，栽培季节与茬次安排，安全优质高产栽培技术，脱毒马铃薯种薯生产技术，主要病虫害诊断及防治，采收、贮藏保鲜与加工等。全书语言简洁、通俗易懂，技术先进实用、可操作性强，同时还配以彩色插图，非常直观。

本书适合蔬菜企业技术人员、专业菜农、农技推广人员等阅读参考，也可作为新型农民职业技能培训的良好教材。

图书在版编目（CIP）数据

马铃薯高产栽培关键技术问答/刘海河，张彦萍主编.
—北京：化学工业出版社，2020.11（2024.2重印）
（科学种菜致富问答丛书）
ISBN 978-7-122-37579-7

Ⅰ.①马… Ⅱ.①刘…②张… Ⅲ.①马铃薯-高产栽培-问题解答 Ⅳ.①S532-4

中国版本图书馆 CIP 数据核字（2020）第 155588 号

责任编辑：邵桂林　　　　　　　　文字编辑：焦欣渝
责任校对：李雨晴　　　　　　　　装帧设计：韩　飞

出版发行：化学工业出版社
　　　　　（北京市东城区青年湖南街 13 号　邮政编码 100011）
印　　装：北京天宇星印刷厂
850mm×1168mm　1/32　印张 6¾　彩插 4　字数 123 千字
2024 年 2 月北京第 1 版第 2 次印刷

购书咨询：010-64518888　　　　　售后服务：010-64518899
网　　址：http://www.cip.com.cn
凡购买本书，如有缺损质量问题，本社销售中心负责调换。

定　　价：39.80 元

前言

PREFACE

蔬菜是人们日常生活中不可缺少的佐餐食品，是人体重要的营养来源。蔬菜产业是种植业中最具竞争优势的主导产业，已成为种植业的第二大产业，仅次于粮食产业。有些省份（如山东省），蔬菜产业占种植业的第一位，是农民脱贫致富的重要支柱产业，在保障市场供应、增加农民收入等方面发挥了重要作用。

近年来，中国蔬菜产业迅速发展的同时，仍存在价格波动较大、生产技术落后及产品附加值偏低等问题，造成菜农收益不稳定。蔬菜绿色高效生产新品种、新技术、新材料、新模式等不断加大科技创新及技术集成，使主要蔬菜的科技含量不断提高。我们在总结多年来一线工作的经验以及当地和全国其他地区主要蔬菜在栽培管理、栽培模式、病虫害防治等方面新技术的基础上，组织河北农业大学、河北省蔬菜产业体系（HB2018030202）和生产一线多位教授、专家编写了《科学种菜致富问答丛书》。

《马铃薯高产栽培关键技术问答》是丛书中的一个分册。书中比较详细地介绍了马铃薯的栽培基础知识与实践，栽培类型及优良品种，栽培季节与茬次安排，安全优质高产栽培技术，脱毒马铃薯种薯生产技术，主要病虫害诊断及防治，采收、贮藏保鲜与加工等。我们希望通过本书能为进一步提高马铃薯安全优质高效栽培技术水平、普及推广马铃薯生产新技术，帮助广大专业户和专业技术人员解决一些生产上的实际问题做出贡献。

　　本书在编写过程中参阅和借鉴了有关书刊中的资料文献，在此向原作者表示诚挚的谢意。

　　本书注重理论和实践相结合，具有较高的实用性和操作性。同时书中附有彩图，可帮助读者比较直观地理解书中的内容。

　　由于编者水平所限，书中难免出现不当之处，敬请广大读者不吝批评指正。

编者
2020 年 11 月

目录

CONTENTS

第三章　马铃薯栽培季节与茬次安排

第四章　马铃薯安全优质高产栽培技术

第五章　脱毒马铃薯种薯生产技术

第六章 马铃薯病虫害识别与防治技术

第七章　马铃薯的采收、贮藏保鲜与加工

附录

参考文献

第一章

马铃薯栽培
基础知识与实践

1. 马铃薯生长发育对温度有何要求?

  马铃薯植株的生长及块茎的膨大,有喜凉特性,生育期间以日平均气温17~21℃为宜,不适宜太高的气温和地温。解除休眠的块茎,萌发的最低温度为4~5℃,低于4℃,种薯几乎不能发芽。芽条生长的最适温度是13~18℃,最高温度是36℃,温度过高,则抑制发芽和芽条生长,也容易造成种薯腐烂。幼苗期和发棵期,是茎叶生长和进行光合作用制造营养的阶段,此期生长的最低温度为7℃,最适温度为15~21℃。如果气温过高,叶片大又薄,茎间伸长变细,出现倒伏,影响产量。土壤温度超过29℃时,茎叶停止生长。对花器官的影响主要是夜温,12℃形成花芽，但不开花，18℃大量开花。结薯期的温度对块茎形成和干物质积累影响很大，此时期对温度要求比较严格。块茎形成的最适土温是 16～18℃，气温是 20℃，25℃时块茎生长趋于停止，在低温条件下形成较早，但产量低。结薯期对昼夜温差的要求是越大越好，只有在夜温低的情况下，叶片制造的有机物才能由地上部茎叶中运送到块茎里。如果夜间温度不低于白天的温度，或低得很少，有机营养向下输送的活动就会停止，块茎体积和重量也就不能很快地增加。

　　马铃薯生长对温度的要求，决定了不同地区马铃薯种植的季节。如黑龙江、内蒙古、青海、甘肃、宁夏、冀北、晋北、陕北和辽西等一季作地区，7月份平均气温在21℃或21℃以下，马铃薯的种植季节就安排在春季和夏初；在中原两季作地区，7月份平均气温在25℃以上，为避开高温季节，就进行早春和秋季两季种植；在夏季和秋季高温时间特别长的江南等地，只有在冬季和早春才能进行种植。

2. 马铃薯生长发育对光照有何要求？

　　光照强度不足或栽植过密，会使马铃薯茎叶徒长，块茎形成延迟，抗病能力降低。日照长短直接影响植株生长和块茎的形成，一般以每天日照时数 11～13 小时最为适宜。在长日照条件下，每天日照超过 15 小时，茎叶易徒长，植株繁茂，匍匐茎大量发生，大量现蕾开花，消耗大量养分，使薯块形成延迟，产量下降。相反，在较短日照下，块茎容易形成，但茎叶生长受到影响，光合产物少，产量也不高。

高温弱光和长日照则使茎叶徒长，块茎几乎不形成，且在弱光下更显著。而高温的不利影响，短日照可以抵消，使茎矮壮，叶肥大，块茎形成较早。开花则需强光、长日照和适当的高温。高温长日照时匍匐茎形成枝长。

总之，马铃薯各个生长时期对产量形成最有利的光照条件是：幼苗期短日照、强光和适当高温，有利于促根、壮苗和提早结薯；发棵期长日照、强光和适当的温度，有利于建立强大的同化系统；结薯期短日照、强光和较大的日夜温差，有利于同化产物向块茎转运，促使块茎高产。

3. 马铃薯生长发育对水分有何要求？

马铃薯对水分较敏感，整个生育期要求土壤湿润。不同时期对土壤水分要求不同，一般土壤湿度保持在田间最大持水量的 60%～80% 为最适宜。幼苗出土后，需水较少，约占一生总需水量的 10%～15%，土壤保持田间最大持水量的 65％ 左右为宜。块茎形成期是需水最多的时期，该期需水量占全生育期总需水量的 30％ 左右，土壤保持田间最大持水量的 70％～75％ 为宜。块茎增长期，需水量最大，亦是马铃薯需水的临界期，土壤保持田间最大持水量的 75％～80％ 为宜。结薯后期（即淀粉积累期）需水量减少，占全生育期总需水量的 10％ 左右，土壤保持田间最大持水量的 60％～65％ 即可；此期切忌水分过多，如土壤过于潮湿，块茎的气孔开裂外翻，就会引起薯皮粗糙，易被病菌侵入，造成田间烂薯，严重减产，对贮藏也不利。

品种不同对土壤水分的要求也有一定的差别，早熟品种在地上部孕蕾期到开花末期，茎叶急速生长，块茎大量形成，需水量最大；中熟品种自开花后直至茎叶停止生长前的整个阶段，都属块茎膨大期，比早熟品种需水期更长。

空气湿度对马铃薯生长也有很重要的影响，空气湿度小时，会影响植株体内水分的平衡，减弱光合作用，使马铃薯的生长受到阻碍；而空气湿度过大，会造成茎叶疯长，特别是叶片晚间结露，很容易引起晚疫病的发生和流行。

4. 马铃薯生长发育对土壤有何要求？

马铃薯对土壤适应的范围较广，但以表土深厚、结构疏松、排水透气良好且富含有机质的轻质壤土、沙质壤土或壤土最好。

沙土中生长的马铃薯，块茎特别整洁，表皮光滑，薯形美观，淀粉含量高，且易于收获，但是产量较低。沙性大的土壤种植马铃薯应特别注意增施肥料，因这类土壤保水、保肥力最差。种植时应适当深播，因一旦雨水稍大，很易露出匍匐茎和块茎，不利于马铃薯生长。

轻质壤土较肥沃又不黏重，透气性良好，不但对块茎和根系生长有利，而且还有增加淀粉含量的作用。因此，产量高，品质好。这是种植马铃薯最适宜的土壤类型。

土壤黏重时，通气性差，排水不畅，易板结，不仅影响根系发育和块茎膨大，还容易造成块茎畸形、芽眼凸出、薯皮粗糙，甚至还造成严重烂薯，导致产量降低和块茎的商品性下降。因此，黏重的土壤种植马铃薯，最好作高垄或小高畦栽培。

马铃薯适宜在微酸性土壤中生长，最适宜的土壤 pH 值是 5.5～6.5，在 pH 值 5～8 的土壤中种植，马铃薯生长比较正常，在偏碱性土壤中种植，马铃薯易得疮痂病。

5. 马铃薯生长发育对矿质营养有何要求？

马铃薯吸收量最多的矿质养分为氮、磷、钾，其次是少量的钙、硫和微量的铁、硼、锌、锰、铜、钼、钠等。氮、磷、钾是促进根系、茎叶和块茎生长的主要元素，对马铃薯产量形成起着重要的作用。氮、磷能加强主茎和侧枝分生组织的活性，促进叶面积扩展，特别是氮对茎叶迅速增长的作用最大；钾肥有扩大叶面积的作用，并可维持叶的生活力，延长叶片光合作用的时间。氮、磷、钾必须根据品种、气候、土壤等条件合理配合和适量施用，才能确保马铃薯产量。实践证明，每生产1000千克马铃薯鲜薯约需从土壤中吸收纯氮5千克，磷元素2千克，钾元素11千克。总之，马铃薯对肥料三要素的需求量，以钾最多，氮次之，磷最少。

不同生育期对养分的需求量不同：幼苗期需肥量较少，占全生育期需肥总量的25%左右；块茎形成至块茎增长期需肥量最多，约占全生育期需肥总量的50%以上；淀粉积累期需肥量又减少，约占全生育期需肥总量的25%左右。钾肥充足则植株生长健壮，茎秆坚实，叶片增厚，组织致密，抗病力强。

马铃薯的生长除了氮、磷、钾之外，还需要钙、镁、硼、锰等矿质元素。缺少这些元素时，其产量会降低。缺钙时块茎会空心和变黑；缺镁会导致叶片叶脉坏死，植株早衰，产量降低；缺硼时植株生长缓慢，主茎和侧芽的生长点坏死，植株呈丛生状，抗旱能力下降；缺锌引起株型异常，叶片上出现褐色、青铜色斑点，最后变成坏死斑，叶片变薄变脆；缺锰时叶片脉间失绿，逐渐黄化，顶部叶片向上卷曲，严重时，幼叶叶脉出现褐色坏死斑点。这些矿质元素对马铃薯生长都起一定作用，但绝大部分土壤中这些元素并不缺乏，所以一般不需要施用。

第二章

马铃薯栽培
类型和优良品种

1. 马铃薯按成熟期可分为哪些类型?

马铃薯按成熟期可分为早熟、中熟、晚熟三种类型。早熟品种,一般在播种后 70～90 天成熟;中熟品种,一般在播种后 90～100 天成熟;晚熟品种,一般在播种后 100 天以上成熟。早、中熟种一般节间较短,植株较矮,大部分株高在 50 厘米左右;发育早,现蕾、开花均早,有的只现蕾不开花或花期很短;分枝多在茎的中上部。晚熟种节间稍长,植株较高,大部分株高在 70 厘米左右;现蕾开花较晚,花期长,有的可连续发出花梗;分枝大多靠近在茎的下部。

2. 马铃薯按用途可分为哪些类型？

马铃薯按其用途可分为菜用型品种、淀粉加工型品种、油炸薯条型品种和油炸薯片型品种。

(1) 菜用型品种 主要应具备大薯及中薯率高（在75%以上）、薯形好、整齐一致、芽眼不深、表皮光滑的基本特征。对薯皮和颜色，不同地区的人们有不同的要求，广东人喜欢黄皮黄肉品种，而不喜欢白皮白肉品种。菜用型品种以低淀粉含量的为好。

(2) 淀粉加工型品种 除产量要高以外，最关键的是淀粉含量必须在15%以上，同时芽眼要浅，以便加工时清洗。但对大、中薯率和块茎表面形状要求不严格。

(3) 油炸薯条型品种 在淀粉加工型品种基础上，还要求薯形必须是长形或长椭圆形，长度在6厘米以上，宽不小于3厘米，质量要在120克以上。白皮或褐皮白肉，无空心，无青头；大、中薯率要高，120克以上的薯块应占80%以上。

(4) 油炸薯片型品种 在淀粉加工型品种基础上，还要求薯形接近圆形，个头不要太大，50～150克的薯块所占比例要大些，而超过150克的薯块比例最好少一些。一般单株结薯个数多的品种，中等个头的薯块比例大。

3. 马铃薯按形状可分为哪些类型？

马铃薯根据块茎的形状一般分为圆形、卵圆形、倒卵圆形、椭圆形、长圆形、扁圆形、圆筒形、长筒形等。

4. 马铃薯按芽眼和薯皮如何分类？

马铃薯根据芽眼的深浅可分为突出、浅、中等、深等类型；根据皮色可分为浅黄色、深黄色、粉红色、深红色、紫色等类型；根据薯皮的光滑度可分为光滑、粗糙、部分网纹、全部网纹和严重网纹等类型。

5. 马铃薯按薯肉颜色深浅可分为哪些类型？

根据薯肉颜色分为加工品种（一般为白色）和鲜食品种（一般为黄色）。

6. 早熟马铃薯主要有哪些优良品种？

（1）青薯 7 号 由青海省农林科学院作物所选育而成。株高 50 厘米左右，幼芽顶部较尖，呈紫色，中部黄色，基部椭圆形，绿色，茸毛少。茎绿色，叶色绿，边缘平展，复叶椭圆形，互生或对生。聚伞花序，花蕾椭圆形，浅绿色；萼片浅绿色，花冠紫色；花瓣尖，深紫色，基部深紫色；雌蕊花柱长，柱头圆形；雄蕊5枚；无天然果。块茎淀粉含量17%左右，扁圆形，表皮光滑，表皮黄色，薯肉黄色，致密度紧，芽眼浅，芽眼数 5～6 个，结薯集中。早熟，生育期 85 天左右。耐旱、耐寒、耐盐碱性强，较易感马铃薯花叶病毒病。平均亩（1 亩＝667m²）产 2500 千克左右。适宜在青海省水地及低、中、高位山、旱地种植。

（2）费乌瑞它（Favorita）　由荷兰引进，经组织培养繁育而成。该品种在陕西有很好的商品适应性和品种优势，是当前理想的双季、高产早熟品种。株高 50 厘米左右，直立型，薯块椭圆形，黄皮黄肉，表皮光滑，薯块大而整齐，芽眼浅平。肉质脆嫩，品质好。结薯早而集中，商品率高。从出苗到收获 60 天左右，休眠期短。春薯覆膜栽培可提早于 5 月中下旬上市，宜双季栽培。结薯浅，对光敏感，应适当培土，以免块茎膨大露出地面绿化，影响品质。春播一般亩产 1500～2000 千克，高的可达 2500千克以上。薯块大而整齐，受市场欢迎，面向南方市场及东南亚出口有广阔前景。适宜在江苏、山东、河南、广东等地种植。

（3）中薯 3 号　由中国农科院蔬菜花卉研究所育成，

为早熟品种，生育期 67 天左右。株型直立，株高 50 厘米左右，单株主茎数 3 个左右，茎绿色，叶绿色，茸毛少，叶缘波状。花序总梗绿色，花冠白色，雄蕊橙黄色，柱头 3 裂，天然结实。块茎椭圆形，淡黄皮淡黄肉，表皮光滑，芽眼少而浅，单株结薯 5～6 个，商品薯率 80%～90%，一般亩产 1500～2000 千克。幼苗生长势强，枝叶繁茂，匍匐茎短，块茎休眠期 60 天左右，耐贮藏。抗花叶病毒病，不抗晚疫病。适于二季作区春、秋两季栽培和一季作区早熟栽培。

(4) 中薯 4 号 由中国农科院蔬菜花卉研究所育成。属早熟、优质、炸片型马铃薯新品种。株型直立，分枝少，株高 55 厘米左右，茎绿色，基部淡紫色。叶深绿色，大小中等，叶缘平展。花冠白色，能天然结实，极早熟，从出苗至收获 60 天左右。块茎长圆形，皮肉淡黄色，薯块大而整齐，结薯集中，芽眼少而浅，食味好，适于炸片和鲜薯食用。休眠期短，植株较抗晚疫病，抗马铃薯 X 病毒病和 Y 病毒病，生长后期轻感卷叶病、抗疮痂病，种性退化慢。一般亩产 1500～2000 千克。

(5) 中薯 2 号 中国农科院蔬菜花卉研究所选育而成。植株较矮小，一般 40～50 厘米，分枝较少，花冠白色，雄性不育。块茎卵圆形，淡黄皮黄肉，芽眼浅。结薯集中，大、中薯率 85% 以上。高抗花叶病毒病，轻感卷叶病毒病，茎叶感晚疫病，块茎抗晚疫病性强，耐贮性较好。淀粉含量 12% 左右。一般亩产 1500 千克，高者可达 2000 千克以上。

（6）张引薯 1 号 特早熟品种，由张掖市农科所引进。植株直立，分枝少，茎紫色，生长势强，叶色绿色。株高 60 厘米左右，花蓝紫色。薯形长椭圆形，黄皮黄肉，表皮光滑，块茎大而整齐，芽眼少而浅，结薯集中，喜肥水。极早熟，生育期 70 天，休眠期短，耐贮存，淀粉含量 15% 左右，适宜鲜食。亩产量 2000～3000 千克，适宜在川区地膜种植。

（7）郑薯 5 号 河南省郑州市蔬菜研究所育成。早熟，休眠期短，45 天左右。株高 60 厘米左右，株型直立，茎粗壮，分枝 2～3 个，叶片较大，绿色。花冠白色，花药黄色，能天然结实。薯块椭圆形，尾部稍尖，黄皮黄肉，表皮光滑，芽眼浅而少。单株结薯 3～4 块，结薯集中，薯块大而整齐，大、中薯率 90% 以上。块茎食用品质好，淀粉含量 13.42%，粗蛋白质含量 1.98%，维生素 C 含量（以鲜薯计）13.89 毫克/100 克，还原糖含量 0.089%，适合外贸出口。一般亩产 2250 千克左右，高产可达 4000 千克。植株较抗晚疫病和疮痂病，易感卷叶病毒病。适应性强，在二季作区及一季作区均有栽培。

（8）郑薯 6 号 河南省郑州市蔬菜研究所育成。早熟，株型直立，分枝 2～3 个，株高约 60 厘米。茎粗壮，绿色。复叶大，绿色，侧小叶 4 对，生长势强。花冠白色，能天然结浆果。块茎椭圆形，表皮光滑，黄皮黄肉，芽眼浅而稀。结薯集中，单株结薯 3～4 个，块大而整齐，商品率高。早熟，生育期 65～70 天，休眠期约 45 天，耐贮性较好。品质优，适合鲜食。块茎干物质含量 20.35%，淀粉含量 14.66%，粗蛋白质含量 2.25%，维生素 C 含量（以鲜薯计）13.62 毫克/100 克，还原糖含量 0.177%。田间植株无皱缩花叶，较抗花叶病毒病、茶黄螨、疮痂病及霜冻，轻感卷叶病毒病和晚疫病，病毒性退化轻。春季一般亩产 2000～2500 千克。适宜中原二作区栽培。

（9）东农 303 为我国当前双季、极早熟脱毒马铃薯品种。株型直立矮小，株高 45 厘米左右。茎绿色，叶浅绿色，长势中等。薯块扁卵形，黄皮黄肉，表皮光滑，大小中等、整齐，芽眼多而浅，结薯特别早且集中。休眠期短，耐贮藏。从出苗至收获 55 天；覆膜栽培可提早于 5 月中旬上市，宜双季栽培。品质较好，干物质含量 22.5%，淀粉含量 13.1%～14.0%，还原糖含量 0.03%，维生素 C 含量（以鲜薯计）14.2 毫克/100 克，淀粉质量好，适于食品加工。植株中感晚疫病，较抗环腐病，高抗花叶病毒病，轻感卷叶病毒病。耐涝性强。适应性广，适宜和其他作物套种。一般亩产 1500～2000 千克，高的可达 2500 千克以上。

（10）尤金 是通过有性杂交选育而成的早熟、高产新品种，其突出特点是商品性状好。其生育期为 70～75

天，单株结薯 4～6 个，亩产 2000 千克以上，大、中薯率 85％以上。薯形椭圆形，黄皮黄肉，表皮光滑，芽眼浅平，两端丰满，淀粉含量 13％～15％，适口性好，油炸薯片色泽金黄均一，香脆可口，适于鲜薯出口和食品加工。

(11) 克新 4 号 黑龙江省农业科学院马铃薯研究所育成品种。株高 65 厘米，分枝较少，茎绿色，株型直立，复叶中等大小，叶色深绿，生长势中等。花冠白色。块茎扁圆形，黄皮有网纹，肉淡黄色，芽眼中等深度，结薯集中，块茎中等，耐贮藏，平均亩产 1500 千克，高产可达 2500 千克。品质好，适宜鲜食。植株感晚疫病，轻感卷叶病毒病，感 Y 病毒病。

(12) 克新 9 号 株高 55 厘米，分枝多，茎绿色带褐色斑纹，株型直立，复叶大，叶色深绿，生长势强。花冠白色，天然结果性强。块茎椭圆形，皮肉黄色，表皮光滑，芽眼浅，结薯集中，块茎大，每亩平均产量 1200 千克。品质好，适宜鲜食及加工用。植株抗 X 病毒病和 Y 病毒病，感晚疫病。

(13) 花 525 株型直立，分枝中等，茎绿色、粗壮，叶绿色，复叶大，叶缘平展。花冠紫色，繁茂。块茎扁圆，大而整齐，芽眼深而且多，表皮光滑，浅黄皮浅黄肉，结薯集中性中等，淀粉含量 15％左右。抗晚疫病，耐贮藏。丰产性好，一般亩产 2000～2500 千克。

(14) 毕引 2 号 贵州省毕节市农业科学研究所于

1998 年从白俄罗斯马铃薯研究所引进试管苗扩繁筛选育成。生育期 75 天左右。株高 70 厘米左右，株型直立，分枝、分棵少，着叶稀，叶、茎绿色，茸毛少而短，顶小叶心形，侧小叶 3～4 对。花冠白色，大小中等，无重瓣，雄蕊橙黄色，不易开花，天然结果率低。淀粉含量 26%，还原糖含量 0.11%。平均亩产 2000 千克左右。抗病毒病，晚疫病始发期晚。适宜在海拔 1500 米以下地区作蔬菜种植。

（15）荷兰 7 号 是由山东省农业科学院繁育而成的鲜食菜用型品种。株型直立，株高 60 厘米左右。茎秆粗壮，分枝少，生育期 65～70 天。叶片肥大，叶缘呈波浪状，花淡紫色。块茎呈长椭圆形，芽眼极浅，薯皮光滑，外形美观，黄皮黄肉，食味好，品质优良，淀粉含量 13%～14%。每亩产量 2500～3000 千克，适宜密度 5000～5500 株/亩。

（16）鲁马铃薯 1 号 由山东省农业科学院蔬菜研究所育成的鲜食菜用型品种。株型开展，分枝中等，株高 60～70 厘米。茎绿色，长势中等，花白色，易落花落蕾。块茎椭圆形，黄皮浅黄肉，表皮光滑，块茎大小中等、整齐，芽眼深度中等，结薯集中。块茎休眠期短，耐贮藏。生育期 60 天左右。薯块含淀粉 13.3%，还原糖 0.01%。抗退化，较抗疮痂病，每亩产量 1500 千克，适宜密度 4000～5000 株/亩。

(17) 鲁马铃薯 2 号　是由山东省农业科学院蔬菜研究所育成的鲜食菜用型品种。株型扩散，株高 70 厘米左右。分枝少，长势强。叶绿色，花白色。块茎椭圆形，黄皮黄肉，表皮光滑，芽眼中深，块茎大而整齐，淀粉含量为 12%～13.5%。结薯集中。块茎休眠期较短，耐贮藏，生育期 60 天左右。植株不抗晚疫病。每亩产量 1500 千克以上，适宜密度 3000～4000 株/亩。

(18) 泰山 1 号　是由山东农业大学育成的鲜食菜用型品种。株型直立，分枝少，株高 60 厘米左右。茎绿色，基部有浅紫红色碎点，长势中等，叶深绿色，花白色。块茎椭圆形，皮肉淡黄，表皮光滑，整齐度中等，芽眼浅。结薯集中，块茎休眠期短，较耐贮藏。生育期 65 天左右。薯块含淀粉 13.5%～17%，还原糖 0.04%。较抗晚疫病和疮痂病。每亩产量 1500 千克以上，适宜栽种密度 4500～5000 株/亩。

(19) 冀张薯 3 号　是由河北省农科院高寒作物研究所育成的淀粉加工型品种。株型直立，株高 75 厘米左右。茎、叶深色，茎壮。花小，白色，落蕾不开花。块茎黄皮黄肉，薯块大而整齐，芽少而浅，外形美观。休眠期中等，不耐贮藏。薯块含淀粉 15.1%，还原糖 0.92%。生育期 100 天左右。植株中抗晚疫病，感环腐病，易退化。每亩产量 2000 千克左右。适宜密度 3500～4000 株/亩。

（20）**早大白**　是辽宁省本溪市马铃薯研究所育成的早熟优质马铃薯新品种。株型直立，苗期苗相较弱，中后期生长势较强，株高 50 厘米左右。主茎绿色、圆柱形，主茎粗 0.8～1.2 厘米，主茎数 1～2 条，分枝数 3～5 条，着生部位较低。叶片中等大小，复叶绿色，侧小叶 4 对，繁茂性中等。聚伞花序，花冠白色，可天然结实，但结实性偏弱。苗期喜温耐旱，后期对水肥十分敏感。薯块膨大快，单株结薯 2～3 个，结薯较浅且集中，薯块大而整齐，大、中薯率在 85％以上，商品薯率高。块茎扁圆形，白皮白肉，表皮光滑，芽眼数目和深浅中等，薯形美观，商品性好。休眠期中等，耐贮性一般，块茎易感晚疫病。从出苗到收获，露地栽培 70～80 天，地膜覆盖栽培 60 天左右，二膜栽培或大棚栽培则可提早到 50 天左右。

7. 中熟马铃薯主要有哪些优良品种？

（1）**晋薯 2 号**　山西省农科院高寒区作物研究所育成。株高 80 厘米，分枝多，茎绿色，株型直立，复叶大，叶浅绿色。花冠白色，能天然结实。块茎扁圆形，黄皮白肉，表皮较粗糙，芽眼中等深度，结薯集中，块茎中等大小，休眠期长，耐贮藏。一般亩产 1500 千克，高产可达 2500 千克。淀粉含量 19％，粗蛋白质含量 1.47％，维生素 C 含量（以鲜薯计）19.03 毫克/100 克，还原糖含量 0.2％左右，适合鲜食及淀粉加工。植株较抗晚疫病和环腐病，轻感卷叶病毒病，对皱缩花叶病毒过敏，抗旱性较强。山西、内蒙古、河北等地有栽培。

（2）9408-10　高抗病毒病和晚疫病，抗旱性强，产量高，属中晚熟品种。株高 80～90 厘米，薯块椭圆形，一般亩产 3500～5000 千克。

（3）黑佳丽　幼苗直立，株丛繁茂，株型高大，生长势强。株高 60 厘米，茎深紫色，主茎发达，分枝较少。叶色深绿，叶柄紫色，花冠紫色，花瓣深紫色。薯体长椭圆形，表皮光滑，呈黑紫色，乌黑发亮，富有光泽。薯肉深紫色，致密度紧。淀粉含量 13％～15％，品质好。芽眼浅，芽眼数中等。结薯集中，单株结薯 6～8 个，单薯重 120～300 克。全生育期 90 天，耐旱性、耐寒性强，适应性广，薯块耐贮藏。抗早疫病、晚疫病、环腐病、黑胫病、病毒病。一般亩产 2000～2500 千克。适宜全国马铃薯主产区、次产区栽培。黑色马铃薯营养丰富，因含有大量的花青素（花青素是一种天然抗氧化剂），可以消除人体内因代谢产生的有害物质——自由基（该物质能诱导组织产生癌变，加速组织细胞的衰老），因此黑色马铃薯具有抗癌、延缓机体组织衰老、增强血管弹性、改善循环系统和增进皮肤的光滑度、抑制炎症和过敏、改善关节的柔韧性等功效。黑色马铃薯既可作配菜，又可作特色菜肴，炒、炸、烧、煮、煨、蒸、煎等均可。其本身含有丰富的抗氧化物质，经高温油炸后不需添加色素仍可保持原有的天然颜色。

(4) 大西洋（Atlantic） 1978 年由农业部和中国农科院由美国引入，为适宜加工型品种。株型直立，叶肥大，茎粗壮，长势中等。花淡蓝紫色，花量中等，花粉孕性低，不能天然结果。块茎圆形，薯皮淡黄色有网纹，薯肉白色，中薯率高且整齐。蒸食品质好，含淀粉 15%～18%，还原糖 0.03%～0.15%，是目前我国主要采用的炸片品种。植株不抗晚疫病，对花叶病毒 PVX 免疫，较抗卷叶病毒病和网状坏死病毒病，感环腐病。一般亩产 1500 千克左右。该品种喜肥水，适应性较广。目前在内蒙古、黑龙江、河北、吉林、山东、福建等地均有种植。

(5) 克新 1 号 由黑龙江省农科院马铃薯研究所育成。株型开展，分枝较多，株高 70 厘米左右。茎绿色，复叶大，叶绿色，生长势强。花冠淡紫色，花药黄绿色，无花粉。块茎椭圆形，白皮白肉，表皮光滑，芽眼较多，深度中等。结薯集中，块茎大而整齐，休眠期长，耐贮藏。食用品质中等，淀粉含量 13%～14%，粗蛋白质含量 0.65%，维生素 C 含量（以鲜薯计）14.4 毫克/100 克，还原糖含量 0.52%。植株抗晚疫病（块茎易感病），高抗环腐病，抗 Y 病毒病和卷叶病毒病。一般亩产 1500～2000 千克，高产可达 2500 千克以上。主要分布在黑龙江、吉林、辽宁、内蒙古、河北、山西等省（区）。

（6）克新 3 号 株高 65 厘米，分枝多。块茎扁椭圆形，黄皮有细网纹，肉淡黄色，芽眼较深。结薯集中，块茎大，耐贮藏，平均亩产量 1500 千克，高产可达 2000 千克。植株抗晚疫病，高抗环腐病，抗 Y 病毒病和卷叶病毒病，较耐涝。适宜鲜食及加工用。

（7）克新 6 号 生育期 90～95 天，植株 60～65 厘米，株型紧凑。块茎淡黄皮白肉，薯块形状为圆形或扁圆形，大小中等，表皮光滑，芽眼较浅，芽眼数目 8～10个，芽眉呈弧形，脐部深度中等。淀粉含量为 14%，较抗晚疫病。

（8）克新 12 号 株型直立，株高 68 厘米左右，分枝中等，茎秆粗壮，复叶中等大小，叶片浅绿色，花冠白色，天然结实性弱。块茎圆形且整齐，中等大小，表皮光滑，淡黄皮白肉，芽眼浅。抗花叶病毒病和卷叶病毒病，田间高抗晚疫病，抗环腐病，耐贮性强。结薯集中，淀粉含量 18%～21%，食味佳。一般亩产 1500 千克，高产可达 2500 千克以上。

（9）克新 13 号 株型直立，株高 65～70 厘米，株丛繁茂，分枝中等。茎粗壮绿色，茎横断面三棱形；叶绿色，叶缘平展，复叶大小中等，顶小叶卵形；花序扩散，花白色。块茎圆形，大而整齐，黄皮淡黄肉，表皮有网纹，芽眼深度中等。耐贮性强，结薯集中。对花叶病毒过敏，抗卷叶病毒病，耐纺锤块茎病毒病，轻感烟草花叶病毒病。田间抗晚疫病，丰产性好，商品薯率占90%以上。淀粉含量14%～16%。一般亩产2000～3000千克。

(10) 克新18号 黑龙江省农科院马铃薯研究所育成。株型直立，株高65～70厘米，植株繁茂，花冠紫红色，淡黄皮淡黄肉，块茎圆形，芽眼深度中等，大、中薯率85%以上，结薯集中，耐贮性强。高抗晚疫病、环腐病，耐纺锤块茎病毒病，抗退化、抗旱能力强。淀粉含量14%～15%，蒸食起沙，食味优良，适于鲜食及速冻保鲜。一般亩产1700千克左右。

(11) 鲁引1号 由山东省农科院脱毒繁育而成，生育期60～65天，株高60厘米，分枝中等，株型展开，茎底部为浅紫色，绿叶紫花，花蕊黄绿色。块茎长椭圆形，黄皮黄肉，表皮光滑，芽眼平浅。植株高抗花叶病，中抗疮痂病。块茎对光敏感，应适当培土。一般亩产1500～2000千克，高产可达3000千克以上。

(12) 安薯56号 株型半直立，株高60～65厘米，主茎2～4个，分枝1～2个，茎淡紫色，较细，坚硬不倒伏。叶色浓绿，叶片较大。花紫色，天然结实性弱。块茎皮粗、黄白色，薯肉白色，芽眼较浅，淡紫色。结薯集中，大、中薯率75%。全生育期79～99天。高抗晚疫病，轻感黑胫病。食味品质好，耐涝，耐旱，适应性广。

(13) 安薯58号 株高36～78厘米，株型扩散，叶淡绿色，茎绿色，花白色。薯长圆形，浅黄色，表皮光滑，芽眼少而浅，薯肉淡黄色。中晚熟，生育期 82～116 天，休眠期 80～150 天，植株较矮，结薯较集中。耐涝，耐旱，耐贮藏。高抗晚疫病，抗卷叶病毒病和花叶病毒病。经西南六省（市）两年 16 个点区试，平均单产 1800 千克左右。适宜高、中、低山及丘陵、川道区种植。

(14) 台湾红皮 中晚熟高产品种，适应性和抗旱性强，生育期 105 天左右，植株生长繁茂，植株半直立，株高 60～70 厘米，茎秆粗壮，生长势强，叶色深绿，花冠紫红色，花粉较多，结薯早且集中，块茎膨大快。薯形长椭圆形，红皮黄肉，表皮较粗糙，芽眼浅、数目少，休眠期较长。耐贮性中上等，干物质含量中等，还原糖含量 0.108%，淀粉含量较高。较抗晚疫病，抗环腐病，对癌肿病免疫，对 A 病毒病免疫，较抗花叶病毒病和卷叶病毒病。一般亩产 1600 千克，高产达 2500 千克。

(15) 毕引 1 号 由贵州省毕节市农业科学研究所于 1998 年从白俄罗斯马铃薯研究所引进试管苗扩繁筛选育成。生育期 80～90 天，属中熟品种。株高 80 厘米左右，植株长势强，株型较直立，分枝多，分枝节位低，分枝长。叶色深绿，茎绿色，着叶较稀疏。花冠白色。薯块椭圆，表皮较光滑，芽眼少且浅，黄皮黄肉，薯块大而整齐，商品薯率高，平均亩产 1600～2000 千克。淀粉含量 21.8%，还原糖含量 0.06%。

(16) 抗青 9-1　2008 年贵州省农作物品种审定委员会审定通过。全生育期 90 天左右，平均株高 79 厘米左右，幼苗长势中等。株丛直立，植株繁茂性中等。茎绿色，叶深绿色，花紫红色。薯块扁圆形，芽眼浅，芽眼数中等，表皮光滑，黄皮黄肉，薯块大小中等，薯块整齐度中等，大、中薯率 75.0%，平均亩产 1500 千克左右。干物质含量 23%，淀粉含量 14.31%，还原糖含量 0.07%，蛋白质含量 3.14%。可作薯片、薯条加工型品种种植。

(17) 黔芋 1 号　2006 年贵州省农作物品种审定委员会审定通过。中晚熟，全生育期 95 天左右，株高 68.2 厘米左右，株型半扩散，分枝较少。茎秆绿色，叶绿色，有天然结实性。结薯集中，薯形长椭圆，表皮较粗糙，芽眼较浅，黄皮黄肉，休眠期较短，商品薯率 78.3%。蒸食品质优，干物质含量 24.05%，淀粉含量 18.2%。平均亩产 2500 千克，高抗晚疫病，适合在海拔 800 米以下地区秋冬种植。

(18) 黔芋 2 号　贵州省马铃薯研究所、云南省农科院经济作物研究所、贵州省威宁县农科所用 C89-94× 94-232 组配后选育而成。2008 年贵州省农作物品种审定委员会审定通过。中熟，全生育期 85 天左右，平均株高 42 厘米，幼苗长势强。株丛半直立，植株繁茂，天然结实少，茎、叶绿色，花淡紫色。薯块圆形，芽眼深，芽眼数中等，表皮光滑，黄皮白肉，薯块大小中等，薯块整齐度中等，大、中薯率 80.5%，平均亩产 2000 千克左右。适合海拔 800 米以上马铃薯生产区域种植。

（19）威芋 4 号 2006 年贵州省农作物品种审定委员会审定通过。中晚熟，全生育期 95 天左右。株高 70 厘米左右，植株直立，植株繁茂，幼苗长势强。茎、叶绿色，花冠淡紫色，花繁茂，天然结实性中等。块茎长圆形，黄皮，肉浅黄色，薯皮粗糙，芽眼中等，结薯集中，块茎大，薯块整齐度中等。干物质含量 20.91%～27.07%，商品薯率 84.1%，平均亩产 2500 千克左右，抗晚疫病、青枯病和病毒病，适宜在高海拔（800～2500 米）地区种植。

（20）毕薯 2 号 2008 年贵州省农作物品种审定委员会审定通过。中晚熟，全生育期 90～100 天。株丛直立，株高 75 厘米左右，主茎数 4～5 个，分枝 9～10 个，茎淡紫色，叶腋紫色，叶绿色，茸毛中等，表面较粗糙，复叶大小中等。花淡紫色，花量少，天然结实率低。块茎椭圆形，结薯集中，芽眼浅，芽眼数中等，表皮光滑，红皮淡黄肉，薯块大而整齐。单株结薯数 5～6 个，大、中薯率 72.7%，商品薯率高，耐贮藏，平均亩产 1800 千克左右，抗病性强，适宜在海拔 800 米以上马铃薯生产区域种植。

（21）毕薯 3 号 贵州省毕节市农业科学研究所选育而成。中晚熟品种，全生育期 90 天左右，株高 85 厘米左右，生长势强，株丛半直立，主茎数 4～5 个，分枝 3～5 个，茎、叶绿色，茸毛中等，叶表面较光，复叶大小中等。花白色，花量少，天然结实率低。块茎椭圆形，结薯集中，芽眼浅，芽眼数量中等，表皮光滑，黄皮黄肉，薯块大而整齐。单株结薯数 5～7 个，大、中薯率 99% 以上，商品薯率高，耐贮藏。产量高，平均亩产 1800 千克左右。品质优良，淀粉含量 19.17%，还原糖含量 0.2%，蛋白质含量 1.79%，维生素 C 含量（以鲜薯计）9.87 毫克/100 克。适宜在中、高海拔地区种植。

(22) 华恩 1 号 由贵州省盘州市农业农村局引进，为华中农业大学选育而成的食用和加工兼用型品种。中晚熟，全生育期 90 天左右，株高 80 厘米，长势中等，茎、叶深绿色，花冠浅紫色，天然结实少。结薯集中，块茎椭圆形，黄皮黄肉，薯皮光滑，芽眼浅、数量中等，大、中薯率 80% 以上，商品薯率高。淀粉含量 17%，还原糖含量小于 0.1%，维生素 C 含量（以鲜薯计）11.85 毫克/100 克。平均亩产 1800 千克左右，适宜在中、高海拔地区种植。

(23) 合作 23 号 由云南省原会泽县农技推广中心用实生籽选育而成。中晚熟，全生育期 94 天左右。株高 74 厘米左右，植株半直立。茎绿色，花冠白色，天然结实性中等。块茎椭圆形，结薯集中，薯块整齐度中等，芽眼少而浅，表皮光滑，皮肉浅黄色，块茎大小中等，平均亩产

1800 千克左右。较抗晚疫病、青枯病和病毒病，适宜在
海拔 800～2200 米的地区种植。

(24) 青薯 9 号　是青海省农林科学院生物科技研究
所育成的马铃薯优良品种。青薯 9 号属中晚熟品种，生育
期从出苗到成熟 120 天左右。株高 87～100 厘米，茎紫
色，横断面三棱形，分枝多，粗壮，中后期生长势强。叶
较大，深绿色，茸毛较多，叶缘平展。聚伞花序，花冠浅
红色，天然结实性弱。块茎长椭圆形，表皮红色，有网
纹；薯肉黄色，沿维管束有红纹；芽眼较浅，结薯集中，
较整齐，商品率高。休眠期较长，耐贮藏。青薯 9 号生长
适应性较广，尤其在西部干旱、半干旱地区种植效益比较
明显，抗旱性和耐寒性表现优良。

8. **晚熟马铃薯主要有哪些优良品种？**

(1) 青薯 4 号　属晚熟品种，株高 110 厘米左右，茎
粗 1.4 厘米，主茎数 2～4 个，分枝数 3～5 个。单株产量
1.26 千克，单株结薯数 7～11 个，单块重 130 克左右。块
茎含淀粉 17.12%。耐旱、耐寒、耐盐碱性强，薯块耐贮
藏。较抗晚疫病、环腐病、黑胫病，抗花叶病毒病。每亩
平均产量 3000 千克左右。适宜青海省水田及山地种植，
并适宜我国北方一作区种植。

（2）庄薯 3 号 2005 年甘肃省农作物品种审定委员会审定通过。株丛繁茂，株型直立，分枝 3～5 个，株高 82.5～95 厘米。茎绿色，叶片深绿色，复叶大小中等，小叶椭圆形。花淡蓝紫色，天然结实性差。结薯集中，薯块扁圆形，黄皮黄肉，芽眼淡紫色，表皮光滑中等。粗蛋白质含量 3.04%，淀粉含量 17.97%，维生素 C 含量（以鲜薯计）12.3 毫克/100 克，还原糖含量 0.5%。全生育期 160 天左右，晚熟。高抗晚疫病，中抗花叶病毒病。平均亩产 2000 千克左右。

（3）陇薯 4 号 甘肃省农科院选育。株高 70～80 厘米，株型较平展，茎绿色，复叶大，叶深绿色，花冠浅紫色，天然结实性差。块茎圆形，芽眼较浅，黄皮黄肉，表皮粗糙，块茎大而整齐，结薯集中，休眠期长，耐贮藏。晚熟，生育期 115 天以上，淀粉含量 16%～17%，适宜鲜食和加工。植株高抗晚疫病，抗旱耐瘠薄。

（4）陇薯 3 号 为甘肃省农科院粮食作物研究所育成的高淀粉马铃薯品种，1995 年通过甘肃省农作物品种审定委员会审定。生育期（出苗至成熟）110 天左右。株型半直立较紧凑，株高 60～70 厘米。茎绿色，叶片深绿色，花冠白色，天然偶尔结实。薯块扁圆形或椭圆形，大而整齐，黄皮黄肉，芽眼较浅并呈淡紫红色。结薯集中，单株结薯 5～7 块，大、中薯率 90% 以上。块茎休眠期长，耐贮藏。品质优良，薯块干物质含量 24.10%～30.66%，淀粉含量 20.09%～24.25%，维生素 C 含量（以鲜薯计）20.2～26.88 毫克/100 克，粗蛋白质含量 1.78%～1.88%，还原糖含量 0.13%～0.18%，食用口感好，有香味。特别是淀粉含量比一般中晚熟品种高。抗病性强，高抗晚疫病，对花叶病毒病、卷叶病毒病具有抗性。

（5）克新 6 号 生育期 150 天，平均亩产量 2600 千克，适宜在沿山马铃薯主产区大面积推广种植。

（6）克新 11 号 黑龙江省农科院马铃薯研究所育成。株高 45～55 厘米，主茎 2～3 个，茎绿色，株型直立，复叶较大，叶绿色，生长势强。花冠白色，天然结果少。块茎圆形或椭圆形，黄皮黄肉，表皮光滑，芽眼浅，块茎大而整齐，商品薯率 80%～85%，休眠期较长，耐贮藏。一般亩产 1500 千克，高产可达 2500 千克。淀粉含量 13%～15.5%，维生素 C 含量（以鲜薯计）17.82 毫克/100 克，还原糖含量 0.28%左右，品质好，适宜鲜食及食品加工。植株较抗晚疫病、卷叶病毒病和花叶病毒病。

（7）米拉（Mira） 1956 年由德国引入我国。株高 60 厘米，分枝数中等，茎绿色，基部带紫色，株型开展，复叶中等大小，叶绿色，生长势较强。花冠白色，天然结果性弱。块茎长筒形，黄皮黄肉，表皮较光滑，顶部粗糙，芽眼多深度中等。结薯较分散，休眠期长，耐贮藏。亩产 1000～1500 千克，高产可达 3500 千克。淀粉含量 14%～17%，粗蛋白质含量 1.4%～1.7%，维生素 C 含量（以鲜薯计）27～32 毫克/100 克，还原糖含量 0.2%左右，品质好，适宜鲜食。抗晚疫病，高抗癌肿病，不抗疮痂病，轻感卷叶病毒病和花叶病毒病。

（8）夏菠蒂（Shepody） 加拿大福瑞克通农业试验站育成，1987 年引入我国。株型开展，株高 60～80 厘米，主茎绿色、粗壮，分枝数多。复叶较大，叶色浅绿。花冠浅紫色，花期长。块茎长椭圆形，白皮白肉，芽眼浅，表皮光滑，薯块大而整齐，结薯集中。块茎品质优良，鲜薯干物质含量 19%～23%，还原糖含量 0.2%，是适合炸条的加工品种。该品种对栽培条件要求严格，不抗旱，不耐涝，不抗晚疫病、早疫病，易感花叶病毒病和疮痂病。一般亩产 1500～3000 千克。

（9）沙杂 15 号 陕西省安康市农业科学研究所选育而成。株型稍扩展，株高 60～70 厘米，分枝数较多，茎绿色稍带紫色，叶绿色，花冠白色，花粉可育，能天然结实。块茎扁圆形，黄皮白肉，表皮光滑，块茎大，较整齐，结薯层浅而分散，淀粉含量 16%左右。薯块芽眼较少，深度中等，分布均匀。晚熟品种，生育期 130 天左右。高抗晚疫病，中抗环腐病，不感皱缩花叶病毒病，耐旱、耐涝。块茎休眠期长，耐贮藏。品种适应性广，丰产性较好。

（10）L2-12 株型直立，生长势强，主茎多，分枝多，花冠白色，复叶大。薯形卵圆形，黄皮黄肉，芽眼浅，结薯较分散，块茎大而整齐，商品率高，丰产性好，亩产 2000 千克左右，淀粉含量 16.7%，抗逆性强，田间抗病性强，抗早疫病、晚疫病。

(11) 威芋 3 号 威宁县农科所用实生籽后代系统选育而成。2002 年贵州省农作物品种审定委员会审定通过。全生育期 110 天左右，株高 60 厘米左右，株型半直立，分枝 6 个左右，叶色淡绿，花冠白色，天然结实性弱。结薯集中，薯块长筒状，黄皮白肉，芽眼浅，表皮较粗糙。大、中薯率 80% 以上，淀粉含量 16.24%，平均亩产 1800 千克左右。轻感花叶病毒病，耐贮藏。适宜在海拔 1200 米以上的冷凉地区种植。

(12) 春薯 3 号 是由吉林省蔬菜研究所育成的油炸加工型品种。植株直立，生长势强，株高 80~100 厘米。茎粗壮，绿色，叶片大，浅绿色，花白色，根系发达。结薯集中，单株结薯数多且分层。薯块圆形，中薯率高，大薯率低，薯皮浅黄色并带有网纹，薯肉白色，芽眼浅。淀粉含量 17%~18%，还原糖含量低。高抗晚疫病，抗干腐病，中度退化，抗旱性强。亩产 2000 千克左右。适宜密度约 3500 株/亩。

(13) 春薯 5 号 是由吉林省蔬菜研究所育成的油炸加工型品种。株型开展，生长势强，株高 60~70 厘米。茎粗壮，黄绿色。叶片大，黄绿色，花白色。结薯集中，薯块扁圆，薯皮白色，有斑点，芽眼浅。薯块整齐，商品率高，结薯早。薯块膨大时间长，薯肉白色，含淀粉 14.7%，还原糖0.18%。中抗晚疫病，退化速度中等，高染疮痂病，耐贮藏。每亩产量1500千克左右。每亩适宜种植4000株左右。

此外，近几年培育出的营养保健型马铃薯也很畅销，如"紫罗兰"马铃薯。

该品种由牡丹江市蔬菜科学研究所经有性杂交系统选育而成，除含有马铃薯品种的各种碳水化合物、维生素外，还富含花青素与原花青素，是一种天然保健食品。株型直立，株高60厘米左右，分枝少。茎紫色，茎横断面菱形。叶紫色。花冠白紫色，花药黄色，子房断面紫色。块茎长椭圆形，紫皮紫肉，芽眼浅，结薯集中。商品薯率75%以上。淀粉含量10.30%，每100克鲜薯维生素C含量456.22毫克，干物质含量17.52%，生育期90～120天。每亩产量2000千克左右。适宜种植密度约4500株/亩。

第三章

马铃薯栽培
季节与茬次安排

1. 如何确定马铃薯栽培季节？

我国马铃薯主产区在东北、华北、西北和西南等地区，中原和东南沿海各地栽培较少。我国四川省栽培马铃薯面积最大，常年在600万亩左右。因我国地理纬度跨越较大，南北方气候差异较为明显，不同地区对马铃薯的种植安排各有不同，栽培季节及耕作制度也不尽相同，因此，应根据当地的实际情况进行合理安排。

确定马铃薯栽培季节的总原则是把结薯期安排在温度最适宜的范围，即把结薯期安排在土温13～20℃，气温白天24～28℃，夜间16～18℃的月份，同时要求薯块在出苗后有 60～70 天以上的见光期，其中结薯天数至少 30 天左右。马铃薯一、二季作地区，春季栽培土温应稳定在 5～7℃，或者以当地无霜日为准向前推 35～45 天作为播种适期；二季作地区夏季高温多雨，马铃薯不能正常生长，而分为春、秋两茬栽培，秋季栽培季节确定的原则是以当地晚霜为准，向前推 50～70 天，为临界出苗期，再根据出苗期按照种薯播种后出苗所需天数来确定播种适期。

2. 马铃薯北方一季作区包括哪些地区？

马铃薯北方一季作区（东北区、蒙新区的北温带气候区）也称北方夏作区，是我国马铃薯的主要产区，范围较大，包括青海、甘肃、宁夏、新疆、内蒙古、陕西北部、山西北部、河北北部，以及辽东半岛以北的辽宁、吉林、黑龙江等。该区地处高寒，纬度或海拔较高，气候冷凉，无霜期短，仅 3～5 月，年平均温度 −4～10℃，最冷月份平均温度 −8～2.8℃，最热月份平均温度 24℃ 左右，大于 5℃ 积温在 2000～3000℃ 之间，一般年降雨量 100～800 毫米，一年内只能在露地栽培一茬蔬菜，一般 4～5 月份播种，9～10 月份收获。由于本区气候凉爽，日照充足，昼夜温差大，故适宜马铃薯的生长，因而栽培面积大。

3. 马铃薯中原二季作区包括哪些地区？

中原二季作区（华北区的暖温带气候区）包括江西、江苏、浙江、安徽、山东、河南，陕西、山西、河北、辽宁四省的南部，以及湖北、湖南的东部。本区冬季晴日多，气候比东北、西北温暖，无霜期较长，为 6～8 月，年平均气温 10～18℃，最热月份平均温度 22～28℃，大于 5℃积温 3500～6500℃，年降雨量 500～1750 毫米。春季 2～3 月份播种，5～6 月份收获；秋季 7～8 月份播种，10～11 月份收获。本区因夏季长，温度高，不利于马铃薯生长，故在春、秋两季栽培。

4. 马铃薯南方二季作区包括哪些地区？

南方二季作区（华南区的热带和亚热带气候区）主要包括广东、广西、福建、台湾、海南等省（区）。该区全年无霜，夏季雨量充沛，年平均气温 18～24℃，最热月份平均气温为 28～32℃，大于 5℃积温在 6500～9500℃之间，年降雨量为 1000～3000 毫米。春季 1～2 月份播种，5 月份收获；秋季 8～9 月份播种，11～12 月份收获。本区大多属于海洋性气候，夏长冬暖，四季不分明。栽培面积约占全国的 5％左右。本区栽培面积虽小，但收获时正值全国马铃薯生产淡季，对市场供应及出口意义重大。

5. 马铃薯西南单双季混作区包括哪些地区？

西南单双季混作区包括西藏、四川、贵州、云南和湖北、湖南的西部山区。本区多为山地和高原，区域广阔，地势复杂，海拔高度变化大，气候的垂直变化显著。故马铃薯在本区内有一季作、二季作等不同的栽培类型交错出现。在高寒区，气温低，无霜期短，多为春种秋收一年一作；在低山河谷及盆地，气温高，无霜期长，适于两季栽培。

6. 马铃薯栽培为何要进行轮作？

马铃薯根系分布较深而广，在 5～20 厘米土层内分布大量匍匐茎，吸肥力强，吸肥多且持续时间长，能从土壤中吸取较多的营养物质和水分。因此，在同一块地上，连续种植马铃薯，会引起病害（如青枯病、环腐病、根腐病等）逐年加重。同时，还会引起土壤养分失调，如缺钾等，使马铃薯生长不良，植株矮小，产量低，品质差。因此，种植马铃薯必须轮作倒茬，以恢复地力，并减轻病虫为害。

7. 马铃薯栽培如何进行轮作？

马铃薯为茄科茄属作物，宜与谷类、豆类、葱蒜类、胡萝卜、黄瓜等作物轮作，不宜与同科作物轮作，以避免共同病虫害交互为害。也要避免与其他科块根、块茎类作物轮作。大白菜田间软腐病重，浇水多，收获晚，后茬易导致土壤板结，使马铃薯发棵缓慢，长势不强，易烂薯块死苗，不宜作马铃薯的前茬。

马铃薯轮作要求最少应隔 2 年以上，在逐年或逐季增施有机肥和土壤病虫害不严重的地块，马铃薯可连作 2～3 年。若 4 年以上连作，即便增施有机肥也会减产，且土传病害加重。

在我国各地马铃薯的种植区域栽培制度也有差异。北方一季作区，马铃薯栽培一般采用轮作，前茬最好是葱蒜类、瓜类，其次为禾谷类作物和豆类作物，要避免与茄科作物（如番茄、辣椒、茄子等）轮作，根菜类与马铃薯都是吸钾多的作物，也不宜互相轮作。中原二作区和西南单双季混作区，马铃薯除纯作外，还利用马铃薯棵矮、早熟和喜凉的特性，将马铃薯与高秆、生长期长的喜温粮菜（如玉米、棉花、瓜类、甘蓝、大葱、甘薯等）进行间作，

也有的利用马铃薯出苗前后约 40 天的一段时间种一茬速
生菜（如小白菜和小萝卜等）。

现阶段北方种植马铃薯可实行小麦—马铃薯—玉米—
谷子、玉米—大豆—马铃薯—甜菜、马铃薯—甜菜—大
豆—玉米等轮作方式；南方冬作区前茬主要是水稻，即晚
稻—马铃薯轮作，这是冬闲田开发种植马铃薯的一种主要
模式，产量和经济效益均较高。

第四章

马铃薯安全优质高产栽培技术

1. 北方一季作区马铃薯露地优质高产栽培有哪些关键技术？

（1）品种选择 应选用脱毒种薯，种薯应具备优良的经济性状、农艺性状、较强的抗病性等。按照当地的气候条件，根据品种特性、市场需要、生产用途和产业发展需要，选择相应的品种进行种植；依据主要病害发生情况，选抗性强的品种种植，结合栽培水平选择产量高、抗性强、市场好、适合本地种植的品种。在生产上应注意根据马铃薯的用途选择品种。食用品种要求中熟、丰产、薯形整齐、耐贮藏等，常用的优良品种有克新品种系列、虎头、高原品种系列。菜用型品种要求具有早熟或极早熟、高产、块茎大、芽眼浅、保形度好等特点，常用的品种有克新 4 号、东农 303 等。加工用的品种主要用于淀粉加工，要求具有中熟或晚熟、丰产、淀粉含量高、白皮白肉、耐贮藏等特点。用于油炸的品种要求含糖量要低。饲用品种多采用次等的食用块茎作饲料，要求蛋白质含量高，龙葵素含量低，耐贮性好，丰产性高，目前尚无专用的饲用品种。

选择优良的品种后还要选择优良的种薯，优良种薯应具备的条件：①具备本品种优良的性状，无混杂现象；②选择在良种繁育田通过规范程序选择出的种薯；③没有感染病毒、真菌和细菌病害；④没有机械损伤；⑤没有畸形薯；⑥块茎大小为 40～50 克；⑦贮藏良好，没有腐烂和过分萌芽，无生理因素形成的种薯异常变化；⑧生理年龄适中，选择壮龄、幼龄种薯，主茎数在 3～4 个的可获得高产。

（2）整地施肥 马铃薯喜沙壤或壤土。耕地深度，一般以 25～30 厘米为宜。马铃薯施肥的总原则是：肥料种类以农家肥为主，化肥为补充；施肥方法以基肥为主，追肥为辅。

① 选地 选择土质疏松，通透性好的土壤，忌选土质黏重的土壤，pH 值适宜范围在 4.8～7.0 之间，高于 8 或低于 4 均不适合马铃薯种植。同时选择排水良好的地块，低洼易涝地不适宜种植马铃薯。马铃薯不宜连作，因

为连作能使土传性病虫害加重，容易造成土壤中某些元素严重缺乏，破坏土壤微生物的自然平衡，使根系分泌的有害物质积累增加，影响马铃薯的产量和品质。前茬作物可以是水稻、玉米、葱蒜、瓜类等，避免甜菜茬、葵花茬和茄科作物，选择的地块要求没有豆黄隆、普施特、阿特拉津等农药残留。

② 施肥翻耕　在翻耕前要先清理前茬的残留秸秆，便于机械作业，并减少病虫害的发生。施肥最好采用平衡施肥（配方施肥）。按马铃薯的需肥规律施肥，马铃薯对肥料三要素的需要量以钾最多，氮次之，磷较少，是喜钾作物。充足的底肥是保证植株正常生长最重要的条件，腐熟的农家肥最适于马铃薯种植。不具备平衡施肥条件的地方，中等地力每亩施农家肥 3000 千克，含钾量高的三元复合肥 75～100 千克。有条件的可进行测土配方施肥：主要根据土壤肥力状况和植株生长需要，确定底肥和出苗后追肥的具体用量。测土配方施肥是一项高效栽培措施，可以在保证产量的前提下，提高肥料使用效率，减少浪费，降低生产成本。其方法是氮肥以 60％的施肥量作底肥，磷肥和钾肥全部为底肥，以三元复合肥形式施用。氮肥的40％用于苗期和蕾期追肥，苗期用量占追肥的 60％～70％，蕾期占 30％～40％。

将底肥施好以后立即翻耕，然后整平耙碎，并且根据田块的大小开好围沟、厢沟或腰沟以达到播种状态。

(3) 种薯处理　种薯如不经过处理，出窖后马上切芽、播种，就会造成出苗不整齐、缺苗、不健壮等现象，而且出苗也晚。原因是马铃薯贮藏时窖温较低，种薯虽过了休眠期，但还处于被迫休眠中，播到田间后出苗就会慢且不整齐，因此要进行种薯处理。方法主要是打破休眠和催芽，对于薯块较大的种薯，通常需要切块。

① 困薯、晒种　困薯和晒种的主要作用是：提高种薯体温，供给足够氧气，促使解除休眠，促进发芽，进一步淘汰病劣薯块，保证出苗整齐一致。困薯的方法是把出窖后严格挑选的种薯，装在麻袋、塑料网袋或用席子等围起来，还可堆放在屋内、日光温室和仓库内，使温度保持在10～15℃，有散射光线即可。也可采取变温处理，即先将种薯在4℃贮藏2周或2周以上，再在18～25℃温度下贮藏直至发芽。如果3周左右还没有发芽，则可以重新按上面的方法进行变温处理。或者用赤霉素打破休眠，方法是用赤霉素10毫克/升，浸种20～30分钟或用喷雾器均匀喷湿种薯，晾干后保持在18～25℃，直至萌芽；还可以用赤霉素（2毫克/升）和2,4-D（0.2毫克/升）配成混合溶液浸种8小时，晾干后在20℃左右条件下直至发芽。困薯经15天左右，当芽眼刚萌动有小白芽时，即可切芽播种，要求芽长不超过0.5厘米（机械播种）或1厘米（人工播种）。

② 切芽块　播种前的15天，挑选具有本品种特征，

表皮色泽新鲜、没有龟裂、没有病斑的块茎作为种薯。切块种植能节约种薯，并有打破休眠，促进发芽、出苗的作用。也可整薯播种，既可以避免用芽块播种容易出现的问题，又可比芽块播种显著增产。切芽块应在播种前3～5天进行。为了保证马铃薯出苗整齐，必须打破顶端优势。方法为以薯块顶芽为中心点纵劈一刀，切成两块，然后再分切（图4-1）。要切立块，保证每个切块上有1～2个芽眼。芽块不宜太小，每个芽块不能小于30克，大芽块能增强抗旱性，并能延长离乳期，低于40克的种薯整薯播种。切好的薯块用草木灰拌种，既有种肥作用，又有防病作用。

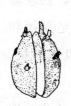

图4-1　种薯的切芽块方法及大、小芽长势状况

马铃薯晚疫病、环腐病等病原菌在种薯上越冬，切刀是病原菌的主要传播工具，尤其是环腐病，目前尚无治疗和控制病情的特效药，因此要在切芽块上下功夫，防止病原菌通过切刀传播。切芽块的场地和装芽块的工具，要用2%的硫酸铜溶液喷雾，也可以用草木灰消毒，减少芽块被病菌和病毒感染的机会。切种人员每人至少准备3把

刀，切薯时切刀要放在 0.2% 的高锰酸钾溶液中浸泡；切刀消毒时间 7 分钟，当切到烂种时，扔掉烂种，把刀放在溶液中消毒，换一次刀。也可将刀在火苗上烧烤 20～30 秒钟然后继续使用。这样可以有效地防止环腐病、黑胫病等通过切刀传播。种薯切块拌种后阴干，避免阳光直晒，以长条堆存放，堆高不超过 40 厘米，杜绝发烧烂种。同时要盖苫防雨，如果遇雨，要倒堆防烂种。

注意事项：存在以下情况之一时，种薯不宜切块。一是播种地块的土壤太干或太湿、土温太冷或太热时。目前，各地在正常的天气条件下，土温应该不存在问题，关键是土壤不宜太湿。二是种薯生理年龄太老的不宜切块，当种薯发蔫发软、薯皮发皱、发芽长于 2 厘米时，切块易引起腐烂。三是种薯小于 50 克的不宜切块。四是夏播和秋播因温、湿度高，种薯切块后极易腐烂，一般不切块。切块时注意剔除杂薯、病薯和纤细芽薯。刀具一定要消毒，避免因切块引起病害传播和薯块腐烂而导致缺苗。许多病害如马铃薯病毒病、晚疫病、青枯病、环腐病等可通过刀具传播。

(4) 播种

① 播种时期　马铃薯适期播种是获得高产的重要因素，播种期应根据当地气候条件确定。一般在当地晚霜期结束前 25～30 天，当地 10 厘米地温稳定达到 6～7℃时为适宜播种期。覆盖地膜的可提早 5～7 天播种，能提高地

温2～3℃。人工种植可早播，机械播种应适当晚播。播种过早，出苗后常受晚霜为害，甚至生长点受到冻害，延迟生长，降低产量。催大芽的种薯可适当晚播，因为在地温太低时播种，长期不能出苗，块茎中的养分会向顶芽集中，使顶芽膨大，形成"梦生薯"，导致田间大量缺苗，造成减产。

② 合理密植　马铃薯的产量为单位面积株数与单株产量的乘积，确定密度必须考虑群体产量与个体产量两个矛盾因素的协调统一。如果密度小时，虽然单株发育好，产量高，但由于单位面积内总株数少，结薯较少，产量不高。如果密度过大，虽然总株数多，但单薯重很低，同样产量不高。从群体和个体协调发展考虑，马铃薯在目前生产水平下，以每亩3800～5500株，每株2～3茎，总茎数每亩9000～12000茎为宜。行距80～90厘米，株距18～30厘米。

③ 播种方式　马铃薯的播种方式有垄作和平作两种。垄作适于高寒、阴湿、土壤黏重、地势低洼、雨量多而集中的地区，既有利于增温保水，也可以提供薯块生长的疏松环境。平作适于我国华北、西北大部分地区，生育期间温度较高、雨量少、蒸发量大，又缺乏灌溉条件，多采用平作形式，方法是在地面开10～15厘米的沟，沟内播种，后覆土，播完后地表平整。播种可采取单垄单行等行距或单垄双行的宽窄行方式。

④ 播种深度　以8～15厘米为宜，可根据土壤类型、墒情等情况适当调整播种深度。一般要求是坡地、土壤湿度大的地块宜浅，干旱条件下土壤墒情差的地块宜深。

⑤ 播种方法　垄距80～90厘米防涝效果最为理想。沟深10厘米，若随播种施肥的，注意应在沟内施化肥，化肥上面施有机肥，然后再播芽块，尽量使芽块与化肥隔离开。机械播种随播随起垄，人工播种时要尽量避免晾墒时间过长，做到引沟、播种、覆土连续作业，保持好墒情。覆土达6～10厘米厚。

(5) 田间管理　田间管理是保证马铃薯正常生长发育、获得高产的基本环节，要根据马铃薯生长情况、生育阶段的特性和气候等因素进行科学的田间管理。马铃薯田间管理的重点是水肥管理。要做到及时追施苗肥，轻追蕾肥，看苗施肥；经常清沟排渍；追肥的同时中耕培土；及时除草、拔除病株。做好病虫害防治：苗期最主要的是地老虎，其容易造成缺苗断垄；中后期主要防治晚疫病；高温时易发青枯病。

① 发芽期管理　北方一季作区，马铃薯从播种到幼苗出土约30天。这期间气温逐渐上升，土壤水分蒸发快并容易板结，田间杂草大量滋生，应针对具体情况，采取相应的出苗前管理措施。此期应及时进行土表浅松土，以保墒除小草。土壤异常干旱时，应浇小水促进出苗。苗出齐后，要及时进行查苗补苗，以保证全苗。补苗的方法

是：播种时将多余的薯块密植于田间地头，用来补苗。补苗时，缺穴中如有病烂薯，要先将病烂薯和其周围土挖掉再补苗。土壤干旱时，应挖穴浇水且结合施用少量肥料后栽苗，以减少缓苗时间，使其尽快恢复生长。如果没有备用苗，可从田间出苗的垄行间，选取多苗的穴，自其母薯块基部掰下多余的苗，进行移植补苗。

播后 2～3 周内的管理应集中中耕除草。出苗前如土面板结，应进行松土，以利于出苗。根据马铃薯生长过程中不宜人工铲地的特性，田间除草主要以化学除草和机械除草为主。一是用轻型锯齿耙耢去垄上土，目的是去除发芽的杂草，但要避免伤害马铃薯的幼芽；人工拔除大草，封闭后人工拔大草 1～2 次，做到全田无杂草。二是化学药剂苗前除草。化学除草的方法：a. 播后苗前封闭灭草。深耢表土后，每亩及时选用 72％异丙草胺 100～200 毫升＋70％嗪草酮 20～40 克；或 90％乙草胺 66～133 毫升＋70％嗪草酮 20～40 克；或 96％精异丙甲草胺 60～110 毫升＋70％嗪草酮 20～40 克进行封闭灭草。喷除草剂时要保证田间湿润，土壤最大持水量应在 40％～50％，如果田间干燥应播前灌溉造墒。b. 苗后化学灭草。当小苗在 10 叶期前，全田杂草出全后，草龄在三叶期前后，每亩用 25％玉嘧磺隆 6 克或 33％二甲戊乐灵 260～330 毫升，叶面喷施进行苗后除草。

② 幼苗期管理　此期一般为 15～20 天，时间较短，

马铃薯的产品器官均在此期分化长成，对整个生长期很关键。因此幼苗期以中耕为主，通过中耕松土提高地温，促进根系生长，并结合中耕进行除草，以保证根系和茎叶协调生长。一般中耕1～2次。齐苗后及时进行中耕，深度8～10厘米，并结合除草，中耕后10～15天，再进行第二次中耕，宜稍浅，以防伤害根系。马铃薯从播种到出苗时间较长，出苗后，如果土壤肥力不足，可结合中耕追施复合肥1次，每亩施10千克左右，或及早用清粪水加少量氮素化肥追施芽苗肥，以促进幼苗迅速生长。幼苗期需水不多，但根系吸水能力也不强，应保持土壤湿润，可酌情浇一次小水。

③ 发棵期管理　此期以茎叶生长为主逐渐转为以块茎生长为主，是决定单株结薯多少的关键时期。田间管理的重点是以促为主，促进地上部生长来带动地下部生长。加强水肥管理，保证养分吸收，中耕除草、培土是主要措施。一般可深中耕2～3次，此期的中耕仍然以浅耕为主。在植株封垄前培土高度要达到15～20厘米，以增厚结薯层，避免薯块外露，降低品质。通过中耕培土来控秧促薯，促进由茎叶生长为中心向块茎生长过渡。此期植株需水较多，干旱会严重影响植株生长发育，降低产量。故应保持土壤见干见湿，每7～10天浇一次水；缺肥时，可亩施复合肥15～20千克。

④ 结薯期管理　此期主茎生长已经完成，逐渐进入

以块茎生长为主，产量的80％是在此期形成的。此期是马铃薯需水需肥的高峰期，田间管理的重点是促进地下部生长，促进结薯，控制地上部生长，促控结合，并防病保叶，延长茎叶的生长期，保证有足够的光合产物向块茎转运和积累，延长结薯期。要求现蕾期结合培土追施一次结薯肥，以钾肥为主，配合氮肥，施肥量视植株长势长相而定。在结薯初期封垄前深松一次土，即停止中耕；在结薯期块茎迅速膨大时要及时供水，保证满足块茎膨大的需要。一般每5～7天浇一次水，维持土壤湿润。开花以后，一般不再施肥，若后期表现出脱肥早衰现象，可用磷钾肥或结合微量元素并结合防治晚疫病叶面喷肥，喷施2～3遍。结薯后期减少供水，使土壤见干见湿，以减少块茎含水量，便于贮藏。封垄后尽量减少田间作业，避免碰伤茎叶。

（6）收获与贮藏

① 收获时期　要根据用途适时收获。食用马铃薯生理成熟期为最适收获期；种用块茎应提前5～7天收获，以避免低温霜冻危害提高种性。生理成熟的标志是：叶色由绿逐渐变黄转枯，这时茎叶中养分基本停止向块茎输送；块茎脐部与着生的匍匐茎容易脱离，不需用力拉即与匍匐茎分开；块茎表皮韧性较大，皮层较厚，周皮变硬，色泽正常，干物质含量达最高限度。

② 收获工作准备　要根据需要准备充足苫布及收获

工具，防止雨淋。在收获前20天要把所有的收获机械检修完毕，达到作业状态。收获过程中要密切关注天气变化情况，做好防冻准备工作。

③ 杀秧 收获前5～7天杀秧，杀秧机调到打下垄顶表土2～3厘米，以不伤马铃薯块茎为原则，尽量放低，把地表面的秧和表土层打碎，以利于收获。收获时注意晴天抢收，不要让薯块在烈日下暴晒，以免使马铃薯发青，影响品质。无论机收还是机蹚，蹚后晾半天再人工归堆，严格选择、归类，装袋拉回堆放。

④ 贮藏 块茎在贮藏期间的生理生化变化：刚收获的块茎，呼吸作用旺盛，在5～15℃下所产生的热量较高，如果温度增高或块茎受伤感病等，呼吸强度更高。在贮藏期间块茎水分散发，经过贮藏，块茎质量损失约6.5%～11%。新收的块茎，糖分含量很低，休眠结束时显著增高，萌发时由于自身消耗，糖分含量又下降。块茎内淀粉含量在10～15℃下较稳定，10℃以下时淀粉含量开始下降，糖分含量逐渐增加。

贮藏的基本条件：入窖前做好预贮措施，给予通风晾干条件，促进后熟，加快木栓层的形成，严格选薯，去净泥土等。贮藏前将块茎分级和摊晾7～15天，进行预贮，使伤口愈合，薯皮紧实，降低呼吸强度。预贮可以就地层堆，然后覆土，覆土厚度不少于10厘米。也可在室内盖毡预贮，以便于装袋运输或入窖。预贮时一定不要让薯块被晒和被淋。入窖时要尽量做到按品种和用途分别贮藏，以防混杂。并经过挑选去除烂、杂、畸形薯，然后入窖。贮藏期间最适宜的温度为 1～4℃，最高不得超过 7℃。种薯以 2～4℃ 为宜。加工用薯短期贮藏以 10℃ 左右为宜，长期贮藏时，先贮藏在 7～8℃ 下，加工前 2～3 周转入 16～20℃ 温度下进行回暖处理。贮藏马铃薯要保持稳定的相对湿度，以 85%～90% 为宜。

主要采取棚窖、永久式砖窖进行贮藏。要求马铃薯入窖前将贮藏窖进行消毒（高锰酸钾＋甲醛熏蒸消毒）和通风。温度控制在 1～3℃，湿度最好控制在85%～90%，暗光，为保持窖内空气清洁应适当通风。商品薯或加工薯要求避光条件。温度低时易冻窖，必须每天检查窖内温度，并有测定记录，严防冻窖。

（7）病虫害防治 马铃薯的病害较多，常见的病害有病毒病、晚疫病、青枯病、环腐病、疮痂病、癌肿病等。马铃薯的虫害防治以地下害虫为重点。地上部害虫主要有瓢虫、蚜虫等。病虫害防治技术详见第六章。

2. 北方一季作区马铃薯地膜覆盖优质高产栽培有哪些关键技术?

地膜覆盖栽培是用聚乙烯塑料薄膜作为覆盖物的一种栽培技术。我国 20 世纪 70 年代末从日本引进这项技术，先后在全国推广应用。马铃薯采用地膜覆盖栽培，可充分利用冬天和早春的光热资源，提高地温、防御春寒低温，有利于提早播种，促使早出苗、出齐苗，达到早熟高产的目的；覆盖地膜可保持墒情，稳定土壤水分，减少地表水分的蒸发，保持土壤含水量相对稳定，有利于抗旱保墒；覆膜可防止浇水或雨水造成土壤沉重而使土壤保持疏松状态，有利于块茎的形成和膨大；覆膜后地温提高，有利于土壤微生物活动，加快有机质分解，提高养分利用率；覆盖地膜有利于改善土壤理化结构，保持土壤表面不板结，膜下土壤孔隙度增大，土壤疏松，土壤容重降低，通透性增强，有利于根系生长。据试验，春季马铃薯地膜覆盖栽培比露地栽培不仅可增产 20%～30%，大薯率增加 25%左右，还可以提早成熟 15～20 天，提早上市，亩增加净效益约 200 元。每亩产量达 2000 千克左右，亩产值 3000元以上，经济效益较为可观。

(1) 选用良种 地膜覆盖栽培属于早熟反季节栽培，当前适合栽培的品种主要有脱毒良种。应选用前期生长快、结薯早、产量高、品质优良的中早熟品种，如东农303、鲁引 1 号、早大白、费乌瑞它、尤金及克新 6 号、克新 1 号等优良品种。剔除芽眼坏死、脐部腐烂、皮色暗淡等薯块。一般每亩用种量 100～150 千克。

(2) 切种催芽 播前 30～40 天，将种薯平摊 2～3层，剔除病薯、烂薯，保持室温 15～18℃，待芽长 0.5 厘米左右时切块。最好先纵切，后横切，呈立方块，将密集的顶芽分开，充分利用顶端优势，保证每块种薯至少有1个芽眼，切芽块的方法参照露地栽培技术的方法。切后用甲霜灵或草木灰拌种，然后进行催芽。

地膜覆盖栽培可以直接播种，也可以先催大芽再播种，生产上一般要求先催芽，后播种，以保证出苗整齐。催芽可以有效地防治由于土壤湿度过大造成的烂薯现象，增加出苗率。催芽可以在室内、温床、塑料大棚、小拱棚等比较温暖的地方进行。常用催芽方法有两种：

① 室内催芽 种薯切块消毒后，置于湿沙中催芽。具体方法是先铺湿沙5～10厘米，然后摆放1层种块，摆放时芽眼要朝上，一般可摆放3～5层种块，上面及四周覆盖湿润的沙土3～5厘米厚，以保持湿度。催芽温度保持在15～18℃，最高不要超过20℃，以免因温度过高引起种块腐烂，待芽长到1～1.5厘米时将种块扒出。

② 室外催芽 选择背风向阳处，在室外进行催芽效果也很好。具体方法是按种薯量及地势挖催芽沟，按室内催芽方法，将种薯块摆放于沟内盖上湿沙，沟上搭盖小拱棚以提高温度，下午4时以后覆盖草苫保温，上午8时揭去草苫提高温度。催芽可利用冬暖大棚、土温室、加温阳畦或较温暖的室内，在15℃左右条件下约15～20天即可出芽。薯芽长1.5～2厘米时，要将种薯扒出放在15～20℃具散射光的室内或大棚内晾芽，直至芽变绿为宜，一

般 3～5 天。注意在催芽时经常翻动薯块，发现烂薯马上清除。

将催好芽的种薯块堆放在室内见散射光绿化以达到炼芽的目的。经过绿化的芽，播种时种芽不易碰断，播后发棵粗壮，扎根好，出苗快，早熟，高产，抗病。

(3) 整地施肥 马铃薯的根系大多分布在 30～40 厘米深的土层中，而且块茎是在土中生长。因此，马铃薯地膜覆盖栽培应选择土层深厚疏松、透气性良好、排灌方便的沙壤土或壤土，前茬以茄果类以外的作物茬口为宜。一般在冬前耕翻，开春解冻后及早进行整地。整地应深耕25～30 厘米，并做到深浅一致，细犁细耙，达到深、松、平、净、墒情好，墒情差时须灌水造墒再整地。

整地前必须一次性施足基肥。马铃薯地膜覆盖栽培要求基肥应占全生育期施肥量的 2/3 以上，以有机肥为主，化肥为辅，氮、磷配合。一般每亩施腐熟优质的农家肥1500～3000 千克，三元复合肥 20～30 千克，硫酸钾 20 千克，硼砂 1.5 千克，硫酸锌 1.5 千克，草木灰 200 千克，并用辛硫磷 0.25 千克或甲基异柳磷 0.25 千克配水 5 千克，拌锯末 25 千克或细沙土 50 千克，随起垄施入土壤内，以防地下害虫。施肥时切记氮肥不可过多，否则会引起植株徒长，成熟期延迟，甚至不结薯。整地后起垄。起垄标准为垄底宽 100 厘米，垄顶宽 50～60 厘米，高 15～20 厘米，垄向以南北向为宜，垄长视地而定。

（4）覆盖地膜　用 1 米宽的地膜种 2 行，2 米宽地膜种 4～5 行。大小行种植时，大行距 60 厘米，小行距 40 厘米，株距 20～25 厘米。最好开沟播种，种芽向上栽种薯块。在施足底肥的基础上，再用 50 千克的硫酸钾型复合肥作种肥，也可用 20 千克磷酸二铵、20～30 千克碳铵再加 20～25 千克的硫酸钾作种肥，施于播穴或播沟内，注意尽量减少肥料与种薯接触，盖土厚度控制在 8～10 厘米，然后覆盖地膜。覆盖地膜质量的好坏是获得优质高产的关键。种植起垄后应及时覆膜，防止土壤水分蒸发散失。覆膜后培土压紧，固定地膜，四周用土封严实，要达到紧、平、严的标准。覆膜后，垄面上每 2 米左右堆小堆土或土块，防止风吹破地膜，并及时检查堵压漏洞。

（5）播种　早熟品种适当密播，中熟品种适当疏播；分枝多、匍匐茎长、结薯分散的品种宜稀，反之宜密；肥地宜稀，瘦地宜密。一般保持每亩种植 5000 株左右。

马铃薯的播期对增产有很大的影响，在安排播期的时候，应考虑播种后低温对种薯及出土幼苗的影响，播种后温度过低，种薯出土幼苗容易受冻，应选择土温稳定在 7～9℃时播种。播前将种薯块按大小进行分级，播种深度以 8～10 厘米为宜，开沟浇水，然后播种，播种时避免种薯与肥料接触，播后覆土。如用除草剂时需要注意栽种好 1 行喷施 1 行乙草胺除草剂，然后在土壤湿润的情况下马上覆盖地膜，可提高除草效果。一般每亩用扑草净 150 克兑水 50 千克均匀喷洒畦面。

(6) 适时放苗 当马铃薯苗破土出苗在 3 厘米以上时，根据天气状况及时破膜引苗。在破土处的地膜上划一个 4～5 厘米的口子，使马铃薯苗露出地膜，并同时在地膜破口处放少许细土壤盖住地膜的破口，以防地膜内过高温度的气流灼伤马铃薯幼苗，并可保温保苗。放苗一般在断霜前后进行。

(7) 田间管理 马铃薯地膜覆盖栽培前期以中耕除草、培土为重点，中后期以浇水追肥、防治病虫害为重点。

① 定苗、培土 培土是获得马铃薯高产的一个重要环节，可使结薯层疏松，以免块茎露出地面变绿，影响品质。整个生育期要求培土 3 次：当马铃薯幼苗长到 4～5叶、苗高 10 厘米时揭膜，并结合中耕进行第 1 次培土，培土厚 4～5 厘米，以松土、灭草为主；现蕾期进行第 2次中耕培土，培土厚 8～10 厘米；植株封垄前进行第 3次培土，培土厚 10～15 厘米。尽量向苗根壅土，培土要宽，上土 3～4 厘米，以创造结薯多而大的条件，增厚结薯层，避免薯块外露，降低品质。培土时注意尽量减少对幼苗的损伤。结合培土，齐苗后进行定苗，每棵保留1～2 株壮苗，将多余弱小苗剔除，以利于苗壮、薯大、高产。

② 浇水追肥 马铃薯对水分要求严格，整个生育期

要求土壤湿润。播种后土壤过于干燥时，采用沟灌半沟水，保留数小时后，在畦高 8～10 厘米土层处湿润后即可排干。马铃薯苗期到现蕾期要保持土壤湿润，以利于植株生长，为高产打下基础。一般视苗期墒情可浇 1 次水，但不宜过大。现蕾期到开花期是结薯盛期，需水量大，一定要保证水分供应。一般在第 2 次培土后浇 1 次大水，水要顺垄沟浇，不要漫过垄面，以防土壤板结，影响块茎膨大。后期阴雨天气较多，特别是中晚熟品种，要做好开沟排水工作，以防止田间渍水造成烂薯。

出苗 70％时进行第 1 次追肥，促进壮苗，增加叶面积。以后每隔 7～10 天施肥 1 次，到茎叶封行时共追肥 4～5 次，可用复合肥或尿素追施，每亩用复合肥 20～30 千克。第 3 次追肥，尿素用量要逐渐减少，增施氯化钾或硫酸钾。同时，在幼苗期、结薯期、膨大盛期进行叶面喷肥，一般每亩用尿素 0.5 千克、磷酸二氢钾 0.1 千克兑水 50 千克进行叶面喷肥，或用 500 倍液的云大 120，或 0.3％磷酸二氢钾溶液喷施，以调节植株生长，收获前 1 个月可用 920 喷施，以延长后熟期。开花后期则不再追施任何肥料，特别是后期不能过多追施氮肥，以免影响产量。

（8）病虫害防治　马铃薯的病害主要是晚疫病，害虫主要有蚜虫、二十八星瓢虫及地下害虫地老虎、蛴螬等。病虫害防治方法参照第六章。

3. 中原二季作区马铃薯春季露地优质高产栽培有哪些关键技术？

中原地区春季马铃薯上市时，正值全国市场空档，商品薯销售前景看好。若采用无公害高产高效栽培技术进行生产，一般每亩产量可达 2500 千克左右，高产者可达 3500 千克，经济效益极其显著。

（1）深耕整地 马铃薯以地下块茎为产品，且马铃薯的须根穿透力差，土壤疏松有利于根系的生长发育，所以应选择地势平坦、灌排方便、沙质壤土的地块，极为黏重的土壤不宜种植，尽量避免与茄科作物连作。深耕可使土壤疏松、透气性好，并可提高土壤的蓄水、保肥和抗旱能力，改善土壤的物理性状，为马铃薯的根系充分发育和薯块膨大创造良好的条件。耕作深度约 20～30 厘米，一般翻耕深度不少于 25 厘米。若土壤墒情不好，应提前灌溉一次，再进行深耕。

中原地区春旱发生时，应避免先整地，播种前再进行浇水，防止播种时地温低且土质黏重，播后生根缓慢，苗子出土慢，不利于早熟高产。在早春整地时应先浇地再耕地，使耕后土壤颗粒大小适中，土中的水、肥、气、热比较协调，利于早出苗、出壮苗。

（2）肥料准备 马铃薯是喜肥的高产作物品种，播种前最好一次施足底肥，特别是有机肥和磷钾肥在播种前施入效果更好。生产上要采用"以有机肥为主，氮、磷、钾、微肥结合"的平衡施肥法，并根据土壤肥力，确定相应施肥量和施肥方法，要求农家肥和化肥混合施用。一般每亩施农家肥 5000 千克、过磷酸钙 50 千克、硫酸钾型复合肥 60 千克、尿素 15 千克、硫酸锌 1 千克、硼砂 0.5 千克。农家肥结合耕翻整地施用，与耕层充分混匀，化肥作种肥或追肥，播种时开沟施。氮肥要根据土壤肥力情况施入，在土壤肥力水平高的情况下，为避免植株徒长，可将全部复合肥或氮肥的三分之一在出苗 80% 时作追肥用，三分之二作为基肥一次性施入。

目前，马铃薯专用肥在生产上使用较多，其具有以下优点：①马铃薯专用肥针对性和地区性强。②营养元素多。马铃薯专用肥不仅含有氮、磷、钾等大量元素，还含有微量元素，施用马铃薯专用肥，可以起到平衡施肥的作用。③马铃薯专用肥含有马铃薯各生长阶段需要的必需营养，种类全面，比例适宜，有利于马铃薯生长，并可避免某种营养元素过剩或缺乏，使营养比例失调而对马铃薯产生有害影响。④马铃薯专用肥含有一定数量腐殖酸（10%），对于改良土壤理化性质有重要作用，并能减少土壤 pH 值变化幅度，缓和土壤碱度对马铃薯的不良影响。⑤马铃薯专用肥含有多种营养元素，它们之间互效作用显著，比单一某种元素增产效果明显，提高了化肥利用率。

施用马铃薯专用肥，可根据种植地块的肥力状况，起垄时一次性作底肥施入，每亩在施 1500～2000 千克农家肥基础上，专用肥施用量可根据马铃薯目标产量施用：预计产量 1000～2000 千克，施肥 50 千克左右；预计产量 2000～3000 千克，施肥 70 千克左右；预计产量 3000～4000 千克，施肥 100 千克左右。作种肥时，结合马铃薯播种，施在薯块下方 3～5 厘米处，避免烧苗，种肥用量每亩 25 千克左右。

(3) 选用良种　中原地区，春季适合马铃薯生长的时间较短，因此对品种选择比较严格。必须选用休眠期短、结薯早、膨大快、抗逆性强、抗病、高产、优质的脱毒种薯。适合中原二季作区的主栽品种有：郑薯 6 号、郑薯 4 号、费乌瑞它、中薯 3 号、东农 303 等。最好选用符合 GB 18133《马铃薯种薯》要求的种薯，每亩用种量 120 千克。在选择品种时还要根据用途进行：如间作套种要选用株型直立、植株较矮的早熟或中早熟品种；出口产品要求薯形椭圆、表皮光滑、芽眼极浅、红皮或黄皮黄肉的品种；炸条、炸片加工要求淀粉含量不低于 14%，芽眼浅，顶部和脐部不凹陷的品种；淀粉加工要求淀粉含量高的品种等。

(4) 播前催芽和切块　播种前要挑选符合本品种特征、完整、无病虫害、无伤冻、表皮光滑、颜色好的薯块作为种薯。春播每亩需种薯 120 千克左右。春季播种前

20～30 天将种薯置于 15～20℃条件下进行催芽，整薯直接催芽或切块沙埋。催芽的具体方法是：

① 整薯催芽　播前 20 天左右，将种薯放在保温性好的温室内暖种处理，芽约 1 厘米时，于播前 1～2 天切块。中原地区多采用此法。

② 切块催芽　可以分为室内催芽和室外催芽。

a. 室内催芽　播前 30 天左右，将种薯放到温度 15～18℃的室内处理 10～15 天，种薯开始发芽时切块。

切块要求：每千克种薯切 40～50 块，切块大小均匀，每块以 25 克左右为宜，每个切块带 1～2 个芽眼。根据薯块大小确定切块方法：25 克以下的薯块，仅切去脐部即可，刺激发芽；50 克以下的薯块，纵切成 2 块，利用顶芽，生长势强；80 克左右的薯块，可上下纵切成 4 块；较大的薯块，先从脐部切，切到中上部，再十字上下纵切；大薯块也可以先上下纵切两半，然后再分别从脐部芽眼依次切块。切口离芽眼要近，可刺激早发芽，利于早出苗。消毒：包括种薯消毒和切刀消毒。消毒目的：防病、防腐烂、补钾等。方法：切刀用 75% 酒精或 0.5% 高锰酸钾溶液消毒；种薯用福尔马林 200～250 倍液或农用链霉素 1000 倍液或灶灰处理。切块后，进行摊晾，使伤口愈合，以防烂种。

催芽方法：按 1∶1 比例将马铃薯与湿沙（或湿土）混合均匀，摊开，宽 1 米、厚 30 厘米，最上面及四周用湿沙（或湿土）覆盖 7～8 厘米。还可将湿沙（或湿土）摊成 1 米宽、7 厘米厚、长度不限的催芽床，然后摊放一层马铃薯块覆一层湿沙（或湿土），厚度以看不见切块为准，可摊放 3～4 层，然后在上面及四周盖湿沙（或湿土）7～8 厘米。温度保持在 15～18℃，最高不超过 20℃。待芽长到 1～2 厘米左右时扒出，放在散射光下晾种（保持 15℃ 低温），使芽变绿，变粗壮后即可播种。

b. 室外催芽 选择背风向阳处挖宽 1 米、深 50 厘米的催芽沟，按室内催芽方法将切块摆放在沟内催芽，沟上搭小拱棚以提高温度，下午 5 点盖上草苫保温，上午 8 点揭去草苫提高温度。

（5）适时播种 适时播种是取得高产的关键环节，应根据气象条件、品种特性和市场需求选择适宜的播期。确定播期要根据以下原则进行：①一般要求 10 厘米深的土壤温度达到 7～8℃，中原地区一般春季露地播种期在 3 月上中旬；②为避免马铃薯春播出苗后遇到霜冻，要求当地终霜日前 20～30 天为适播期；③应将薯块形成期安排在适于块茎形成、膨大的季节，平均气温不超过 23℃，日照时数不超过 14 小时，有适量降雨；④地温低而含水量高的土壤宜浅播，播种深度约 5 厘米，地温高而干燥的土壤宜深播，播种深度约 10 厘米；⑤多雨地区要实行小整薯播种，避免田间烂薯，造成减产。

不同栽培方式播种密度不同，行距 80～90 厘米，株距 18～25 厘米。一般春季生产田每亩种植 5000～6000 株左右，留种田每亩 7000～8000 株。

(6) 田间管理 春季马铃薯从出苗到收获仅 60 天左右，因此，在管理上应掌握前促后控的原则，重点是要抓早，做到早中耕、早追肥、早浇水。春季气温由低到高，前期温度适宜块茎膨大，后期温度较高，适宜茎叶生长，总的要求是前期早发，中期稳长，既要防止后期茎叶早衰，又要控制后期茎叶徒长。

① 中耕培土 马铃薯从播种到出苗一般 30 天左右，齐苗后及时中耕除草，封垄前进行最后一次中耕除草。结合中耕除草培土 2～3 次，增强土壤的通透性，为马铃薯根系发育和结薯创造良好的土壤条件。第一次中耕培土在苗高 6 厘米左右时进行，此期地下匍匐茎尚未形成，可合理深锄；现蕾期进行第二次中耕培土，此期地下匍匐茎未大量形成，要合理深锄，达到高培土的目的；封垄前最后一次培土，此期地下匍匐茎已形成，而且匍匐茎顶端开始膨大，形成块茎，因此要合理浅耕，以免损伤匍匐茎，应培成宽而高的大垄，防止块茎外露变绿。

② 追肥 在土壤肥力好、底肥充足的条件下，一般不需要追肥。但有追肥的必要时，可在 6 叶期追肥。追肥过早，起不到追肥作用；追肥过晚，增产效果差，甚至造成植株贪青徒长，导致减产。在生产上应视苗情追肥，宜早不宜晚。幼苗出齐后，结合灌水进行第一次追肥，每亩

施尿素 15 千克左右，追肥方法可沟施、点施或叶面喷施。

在马铃薯现蕾、开花到结薯期进行根外追肥，尤其在马铃薯生长后期根系逐渐衰老，吸收能力减弱，根外追肥效果更好，可有效地防止早衰，使地下块茎达到生理成熟。根外追肥必须掌握适宜的浓度，避免浓度过大，造成"烧苗"，损伤叶片；喷肥的雾滴越细小，效果越好。通常使用的浓度是大量元素（氮、磷、钾）以 0.5％为宜，微量元素（硼、锰、锌、铜等）以 0.05％～0.1％为宜。但要注意根外追肥是一种补充施肥措施，不能代替基肥和按生育期进行的土壤施肥。根外追肥时间，可结合防病治虫与适宜的农药混配施用。根外追肥以傍晚为好，喷施后，夜间的空气湿度较大，较凉爽，以利于吸收。应避免高温干旱、下雨或大风天进行根外追肥。

③ 浇水 马铃薯比较抗旱，但也不能缺水，在整个生长期土壤含水量以保持在 60％～80％为宜。出苗前不宜灌溉，过于干旱时，可浇小水。块茎形成期及时适量浇水，块茎膨大期不能缺水。尤其在夏季高温阶段，土壤温度达 30℃左右时，高温敏感的品种会产生畸形块茎，应及时灌溉，降低土壤温度，以利于块茎正常生长。雨后积水应及时排水，否则将造成田间烂薯。收获前 10 天视气象情况停止灌水，利于收获贮藏。

④ 摘除花蕾 对于大量结实的品种，要摘除过多花蕾，节约养分，尤其节约光合产物，促进地下部结薯。摘

除花蕾时，不要伤害其叶。

(7) 收获贮藏 根据生长情况、块茎用途与市场需求及时采收。马铃薯大部分茎叶由绿转黄，继而达到枯黄，地下块茎即达到生理成熟状态，应该立即收获，春季马铃薯一般在 6 月底前收获完。收刨应在上午 10 点以前、下午 4 点以后进行，随收获随运输。收获的薯块严禁装袋，也不能成堆放置。选择干净、通风、凉爽的半地下窖贮藏，不能与农药、化肥、机油等油类或大葱、大蒜、洋葱等辛辣味产品共存。贮藏期间薯块放在干净的干沙上，厚度不能超过 30 厘米，每十天翻捡一次，随时捡出烂薯。暗光贮藏，避免块茎暴晒、雨淋、霜冻和长时间暴露在阳光下而变绿。春季马铃薯一般亩产 2000 千克左右，高产可达 3000 千克左右。

4. 中原二季作区马铃薯高产早春地膜覆盖栽培有哪些关键技术？

中原二季作区早春栽培马铃薯由于温度低，缓苗慢，采用地膜覆盖具有增温保湿、出苗整齐、提早膨大、增产增收的效果，特别是可使海拔 400 米以下地区春季马铃薯提前收获，价格提高，增产又增收。地膜覆盖后能充分利用冬天和早春的光热资源，可使表层土壤温度提高 3～5℃，有利于土壤微生物活动，加快有机质分解，提高养分利用率。覆盖地膜后可提早出苗 10～15 天，实现高产的目的。试验表明，地膜覆盖栽培，可使马铃薯增产 26.7%～29.5%。

(1) 整地施肥 选择疏松肥沃、地势较高、灌排方便的壤土或沙壤土，前茬以种植禾谷类作物为宜。重施基肥，增施磷钾肥，在播种前开沟，一次施足基肥，一般每亩施足 5000 千克左右优质农家肥、25～30 千克过磷酸钙、100～150 千克草木灰（也可用 10～15 千克硫酸钾代替）作基肥，在种植前结合施基肥进行深翻。为了便于盖地膜，栽培方式上宜采用宽垄双行地膜覆盖栽培，垄宽 70～80 厘米，垄高 15～20 厘米，株距 20～25 厘米。早春地膜覆盖栽培应保持每亩种植 5000 株左右。

(2) 种薯准备 选用早熟、高产、商品性好的脱毒种薯，还要注意选用无虫伤、无病斑、无破损、无畸形的健康种薯，如早大白、中薯 3 号、东农 303、费乌瑞它、尤金、克新 6 号、鲁引 1 号、津引 8 号、克新 1 号等优良品种。亩用种量约 150～180 千克。

(3) 切块 为了保证马铃薯出苗整齐，应将种薯切块，以打破顶端优势。切块的方法同露地马铃薯切块，应保证每个种薯块不能少于 30 克，每块至少有 1～2 个芽眼，并将芽眼坏死、脐部腐烂、皮色暗淡薯块剔除。切好的薯块用草木灰拌种，草木灰既有种肥作用，又有防病作用。切块方法参照北方一季作区马铃薯高产栽培技术的相关内容。

（4）催芽　地膜覆盖栽培可以直接播种，也可以先催芽再播种。马铃薯经催芽后播种可以有效防止由于土壤湿度过大造成的烂薯现象，增加出苗率。催芽时间一般于12月中旬在室内、温床、塑料大棚、小拱棚等比较温暖的地方进行。对于休眠期较长的品种，如费乌瑞它，在种植前20天左右用5~10毫克/升的赤霉素浸种10分钟，待出芽后，再切块催芽。费乌瑞它品种还极易烂种，要求催芽时，湿度不能过大，温度也不能过高。马铃薯催芽时间的长短与催芽温度有直接的关系，温度高催芽时间短，温度低催芽时间长。一般催芽的最适温度为15℃左右。在室内催芽可用2~3层砖砌成长方形的池子，如在室外可挖一个20厘米深的坑，然后放2厘米厚湿润的细沙，将切好的薯块摆放一层，再铺放2~3厘米厚湿润的细沙，摆放4~5层后，最上部用草覆盖，待20天左右马铃薯芽长达1~3厘米时将茎块扒出，平放在室内能见光的地方，2天后幼芽变成浓绿色即可播种。注意在催芽时经常翻动薯块，发现烂薯马上清除。

（5）适时播种　马铃薯的播期对增产有很大的影响，在安排播期的时候，应考虑播种后低温对种薯及出土幼苗的影响。播种后温度过低，种薯出土幼苗容易受冻，故确定播期很关键。应选择寒流过后、温度升高的天气，土温稳定在7~9℃时播种。

合理密植是马铃薯获得丰产的中心环节,分枝多、匍匐茎长、结薯分散的品种,种植宜稀,反之宜密;肥地宜稀,瘠薄地宜密;早熟品种适当密播,中晚熟品种适当稀播。

最好开沟播种,种芽向上栽种薯块。播种时,要注意墒情,如果墒情不好,一定要先洇地后播种,随整地随播种,做到足墒播种,确保一播全苗。还要注意播种深度,因为覆盖地膜后,不容易培土,所以播种深度比露地播种要深,一般在 10～15 厘米。如果播种深度不够,后期薯块易露出地面,变绿发青失去商品价值,尤其是费乌瑞它品种,结薯较浅,极易出现露头青现象,更应深播。播种后覆土,并耧平垄面盖地膜。在施足底肥的基础上,再用 50 千克的复合肥作种肥,也可用 20 千克磷酸二铵、20～30 千克碳铵再加 20～25 千克的硫酸钾作种肥,施于播种穴或播种沟内,注意尽量减少肥料与种薯接触。

(6) 覆盖地膜 覆盖地膜时要让地膜平贴畦面,将薄膜四边嵌入沟中并用细土压紧盖实,防止风吹揭膜,以利于增温。如用除草剂时需要注意在覆膜前使用,亩用72%异丙甲草胺 100 毫升,加水 50～60 千克;或亩用 50% 的乙草胺药液 130～180 毫升,加水 30～40 千克;或亩用48%浓度的氟乐灵药液 100～150 毫升,加水 35～40 千克。在土壤湿润的情况下喷施于垄面,垄面要平,喷施后马上覆盖地膜,封膜要严,贴膜要实,可提高除草效果。

要做到严格喷施浓度，不重喷，不漏喷，使除草剂在垄表面形成一层除草膜。有些除草剂不能用于马铃薯，若误用或使用过量，会使叶片皱缩，生长缓慢，造成减产，甚至绝产。发生这种情况，应尽早揭膜通风换气，同时马上喷施 2116 壮苗灵 600 倍液和 96％噁霉灵 3000 倍液，5～7 天 1 次，连喷 2 次，也可用浓度为 20 毫克/升的赤霉素、0.2％的尿素、0.2％的磷酸二氢钾水溶液进行叶面喷施。

（7）适时破膜放苗 在 3 月上中旬左右，当薯芽破土出苗顶膜时，及时在破土处的地膜上划一个 4～5 厘米的出苗口引苗出膜，同时放少许细土覆盖地膜的破口，防止地膜内过高温度的气流灼伤马铃薯幼苗。破膜不能过晚，以防高温烧苗，破膜孔也不宜过大，否则影响保温效果和引起杂草滋生。

（8）田间管理

① 早定苗 齐苗后，每棵保留 1～2 株壮苗，将多余弱小苗剔除，以利于苗壮、薯大、高产。

② 早追肥 齐苗后进行第 1 次追肥，促进壮苗，增加叶面积，亩用尿素 5 千克兑水点浇；结薯期亩追尿素 5 千克，加高浓度复合肥 10 千克作膨大肥；后期追肥注意尿素用量逐渐减少，增施钾肥，如氯化钾或硫酸钾。同时，在幼苗期、结薯期、膨大盛期及时喷施 150 毫克/升多效唑溶液 30～40 千克，喷时每亩加 100 克磷酸二氢钾或 500 倍液的云大 120 进行叶面追肥，可起到增强植株抗

性、减轻病害、防止徒长、提早成熟和提高产量的作用。

③ 前期防干旱，后期防渍水　马铃薯对水分要求严格，整个生育期要求土壤湿润。过于干旱的前茬地块在收获前一周灌 1 次跑马水，以保持播种时土壤湿润。播种后土壤过于干燥时，沟灌半沟水，保持播种沟湿润，经常保持田间干湿适宜。结薯期，需水量大，如土壤过于干旱，应及时以沟灌的方法灌水。结薯后期，阴雨天气较多，特别是中晚熟品种，田间不能积水，要做好开沟排水，及时排涝降渍，否则易引起薯块腐烂。

④ 其他管理　春马铃薯一般不需打杈，但开花前必须摘去花茎，以集中养分用于块茎膨大。

（9）适时收获　地膜覆盖栽培可比露地栽培提早上市 10 天左右。晴天收获，保证薯块外观光滑，增加商品性。尽可能在市场销售空档期采收上市，以提高经济效益。

5. 中原二季作区马铃薯高产早春双膜覆盖栽培有哪些关键技术？

马铃薯双膜覆盖栽培可以使马铃薯提早上市近一个月，一般可于翌年 3 月下旬前后开始收获，供应蔬菜淡季以及"五一"节日市场，价格要高出露地和地膜覆盖栽培马铃薯近两倍，经济效益十分可观。

（1）品种选择　春、秋二季作区适合早熟马铃薯生长，双膜覆盖栽培时需要选择早熟抗病、结薯集中、薯块整齐、商品性好的优质脱毒种薯品种，如郑薯 5 号、郑薯 6 号、费乌瑞它等。

（2）切块催芽 切块催芽是双膜覆盖早熟栽培非常重要的环节，只有催好芽，才能保证早出苗，出齐苗。切块方法与地膜覆盖栽培相同。切块催芽要针对不同种源、不同品种采用不同的方法。从北方调来的种薯，由于北方收获早，种薯已过休眠期，种植前只需直接切块便可播种。当地繁殖的种薯，收获晚，种薯虽然度过休眠期，但未达到最佳发芽期，种植前要提前 30 天左右切块催芽。当地繁殖的品种，休眠期较长，应在种植前 20 天用 5～10 毫克/升的赤霉素浸种 10 分钟，出芽后，再切块催芽。一般催芽的最适温度为 15℃左右。

（3）整地扣棚

① 整地 每亩要施入 5000 千克腐熟的有机肥，50 千克磷酸二铵，20 千克硫酸钾，然后深耕整地。

② 建棚与扣棚 整地完成以后，在播种前 3～4 天扣棚，这样可以提高地温，利于播后出苗。棚的大小可根据当地的条件，因地制宜，选用经济实用的材料搭建，跨度 3～8 米都可以。一般用竹竿或竹片搭成高 90 厘米、宽 3.0～3.2 米的小拱棚，选用宽 4 米的棚膜覆盖，也可根据材料建成 6 米或 8 米宽的中棚。用土将农膜四边压紧压实，尽量做到棚面平整。棚膜上用塑料压膜线压紧，以达

到防风固棚的目的。

（4）适时播种　当棚内温度达到20～25℃，地温达到7～8℃，即可播种。中原地区一般在1月底到2月初开始播种。为了便于盖地膜，采用一垄双行模式，要求垄距80～100厘米，小行距15厘米，株距20～25厘米。播种时，要注意两点：一是墒情，如果墒情不好，一定要先浇地后播种；二是播种深度，因为地膜覆盖后，不容易培土，所以播种较深，一般在10～15厘米，尤其是费乌瑞它品种，结薯较浅，极易出现露头青现象，更应深播。播种后，将垄面耧平，然后盖地膜。为防止匍匐茎过度伸长，结薯延迟，也可在出苗后的3月初夜间棚温达12℃左右时撤掉地膜。

（5）扣棚后的田间管理

① 温度调节　播种后出苗前一般不揭膜，出苗后要及时破地膜露苗，以免幼苗在膜下烫死。如遇高温天气，要注意揭棚膜两端降温，但一般情况下不揭膜。如遇霜冻天气，傍晚用草帘覆盖小拱棚保温，次日白天揭膜。如遇冰冻天气，白天用草帘覆盖棚膜两侧，露出膜顶透光，夜晚用草帘全部覆盖棚膜。

生长期保持白天16～20℃，夜间12～15℃。随着气温的回升，注意棚内温度。生育前期可在中午开小口放风，以排除有害气体和降低湿度。3月中下旬，当气温达到20℃时，每天上午9时开始打开棚膜通风，下午3时左右关闭棚膜。进入 4 月上中旬，当外界气温白天在 20℃以上，夜间在 12℃以上时，进行昼夜全揭膜通风。放风时注意顺风开口，放风口应由小到大，防止大风口造成冷风进入棚内，出现闪苗。另外，放风部位温度低影响植株生长，应经常调换放风部位。有霜冻时应及时盖膜防霜。

及时撤去棚膜是后期管理的重要环节。过早去膜，气温不稳定，太低的气温不利于植株生长和块茎膨大；过晚去膜，棚内温度太高，容易造成植株徒长，同时，过高的温度不利于地下块茎的膨大。一般在清明后气温较稳定时撤去棚膜。去棚膜前 4～5 天昼夜开大风口放风，以使植株适应外界温度。同时，去膜前，一定要进行一次追肥浇水，因为这个时期正是地下块茎膨大最快的时候，整个植株对水肥的需求量最大。

② 光照调节　生育期间应经常振荡棚膜，使膜上水滴落地，增加膜的透光性；有条件的地方，可以用软质工具擦亮棚膜。

③ 水肥管理　因拱棚内不便追肥，应在播种前一次施足基肥；待出苗 80% 后，追齐苗肥，每亩追 50 千克碳铵；苗现蕾期间，地下块茎开始膨大，对水肥需求量增大，这时要及时追肥浇水，一般每亩追尿素 15 千克。根据土地墒情及时浇水，以充分满足块茎生长需要，一般采用沟灌的方式，灌水到沟深的 2/3，让水渗透土壤，要防止淹灌、浸灌和久灌。在拆棚后喷两次 0.2% 的磷酸二氢

钾，防止早衰。薯块膨大期要保持土壤湿润，浇水不要浸过垄顶，保持土壤通气性，促进薯块膨大。生育后期不能过于干旱，否则浇水后易形成炸裂薯，降低商品品质。

（6）及时收获 根据植株生长状况以及市场售价及时收获上市。一般在 4 月底至 5 月初收获。马铃薯进入商品成熟期时随时可采收上市，也可根据市场行情及早上市。早熟品种在 5 月 5 日前后，中晚熟品种在 5 月底前后，茎叶由绿变黄并逐渐枯萎，马铃薯生长完全成熟，这时应及时选择土壤适当干爽时的晴天进行收获。收刨以上午 10 点以前、下午 3 点以后进行为宜。收获前一周停止浇水，以利于贮存。随刨随运输，严防块茎在田间阳光下暴晒，以免灼伤块茎，造成贮藏期烂薯。

6. **中原二季作区马铃薯高产秋季栽培有哪些关键技术?**

马铃薯秋季栽培可以充分利用水稻、玉米收获后，小麦、油菜播栽前的 2 个月空闲时段，是夏旱及连伏旱造成秋粮严重减产的情况下实现全年粮食丰产的一项有效措施。近年来，为了适应市场需求，秋季马铃薯种植面积逐渐扩大，其上市时间在 11 月份，品质好，深受消费者欢迎，且其技术操作简单方便，经济效益比春季马铃薯高一倍以上，深受种植户的欢迎。

（1）品种选择　选择品种是秋季马铃薯高产的关键。一般选用耐高温干旱、结薯早、块茎膨大快、产量高、商品性好、对光不敏感、休眠期短的品种，早熟品种有费乌瑞它、东农 303、郑薯 5 号、郑薯 6 号、中薯 3 号、川芋 56 等，中晚熟品种有大西洋、克新 4 号等。种薯切块播种易腐烂，严重的会造成绝收，为了减轻烂种，应选用个体较小（20～30 克）的整薯作种薯，50 克以上的大薯块要切块播种，淘汰具有薯形不整齐、裂口畸形、表皮粗糙老化等不良性状的薯块，基本上用春薯作秋薯种用，亩用种 150～180 千克。

（2）催芽　从 5 月份收获至秋季播种时间较短，春薯还处于薯块休眠期，如果采用春薯直接播种，往往不能正常发芽出苗，或出苗推迟，或缺苗断垄，影响秋薯的生长及产量。因此，如果春薯作秋薯种播种，在播前要进行催芽处理。用 5～10 毫克/升的赤霉素水溶液浸种 15 分钟，捞出晾干，再用湿润细土或河沙分层堆放，上面盖细土覆膜或覆草，经 15 天左右即可发芽，当大部分薯芽长出 1～2 厘米时，见光炼苗，使芽变成绿色，即可播种。用这种方法催芽的种薯播种后，薯苗较细长，苗不齐，不粗壮，对产量有影响，一般不采用此法处理。生产上常采用自然催芽法，于播种前 20 天左右，在阴凉潮湿、通风凉爽避光的房内进行，采用种薯与河沙分层堆放，平时要保持较低的温度和一定的湿度，一直到种薯发芽。这种方法具有操作简便、省工的优点，而且所催的种薯播种后芽粗、苗壮，出苗整齐，不徒长，产量高，多数农户采用自然催芽法。

(3) 施肥整地　秋季雨水多，田间湿度大，很容易烂种，对出苗和产量影响较大，应选择地势较高、排水方便的田地种植。对土壤较黏的田块，应通过日晒、风化，使土壤疏松，以利于马铃薯生长。秋马铃薯由于其生育期较短，前期高温出苗快，后期低温生长慢，因此，在施肥上应该掌握重基肥的原则，一般施用农家肥 3000 千克左右，复合肥 30～40 千克。

秋马铃薯在栽培上由于前期受高温抑制，后期又受早霜寒潮的影响，大田生育期明显缩短，整个生育期仅 75 天左右，比春马铃薯生育期要短 30 天左右，导致单株生长弱，单株产量低。因此要使秋马铃薯高产，必须增加种植密度。最佳密度为 5500～6000 株/亩，行株距 50 厘米×25 厘米。一般采取浅开沟浅播种，培高垄种植，降低田间湿度，这是保证出苗和高产的关键。

(4) 播种　秋马铃薯在栽培过程中，有其独特的气候要求，播种过早，温度高，幼苗徒长而细弱；播种过迟，生育期受霜期限制而缩短，提早成熟，产量低。因此秋马铃薯要求在适宜的气候条件下及时早播，并尽量延长有效生育期，以达到提高产量、改善品质的目的。秋季栽培的马铃薯最佳播种期为 8 月上中旬，一般要求抢时带芽播种，高山区可略提早。

(5) 田间管理

① 早追肥 在追肥上应该掌握提早进行，保证前期在高温阶段有足够的营养生长量，搭好丰产苗架。齐苗后每亩施尿素 10 千克，如果是旺长苗可适当少追或不追；封垄前追施膨大肥，以钾肥为主，封垄后进行根外追肥。对水肥过大造成徒长趋势的，可喷施 0.1％的矮壮素溶液或 50～100 毫克/升的多效唑溶液。

② 降温、防冻 秋马铃薯出苗时温度较高，此时重点要做好降温保湿工作，播种后要用稻草或麦秆等覆盖垄面，有条件的可用遮阳网覆盖。出苗后要结合施肥及时中耕、除草、培土。秋季马铃薯块茎膨大初期，小水勤浇，保持土壤湿润，降低地温，同时要清沟排水，防止田间积水。干旱时，要及时灌水。

10 月底至 11 月初温度开始降低，有条件的农户可搭简易塑料大棚，防止后期受冻。搭大棚后，秋马铃薯的生长期可延长 1 个多月至 12 月下旬。

(6) 适时收获 当马铃薯植株停止生长，茎叶枯黄时，块茎易与匍匐茎分离，淀粉、蛋白质及其他干物质含量达到最高限度，而水分含量降低，此时是食用块茎最适宜收获期。收获过早，块茎不成熟，产量不高；收获过迟，会降低品质。秋季应在下霜以后收刨，一般在 11 月中旬左右收获。收获宜选在晴天，注意防冻。

7. **南方二季作区马铃薯高产秋冬栽培有哪些关键技术?**

由于南方地区冬季气温较高,轻霜或无霜,春季气温回升快,有利于冬季马铃薯越冬后的快速生长,3～4月份上市能填补市场蔬菜淡季,商品价格高,增收作用明显。南方二季作区马铃薯秋冬栽培应做好以下几点关键技术措施:

(1) 选择优良品种 可选择费乌瑞它、中薯3号、克新3号、紫花851、合作88等优质脱毒种薯。

(2) 施肥整地 马铃薯秋冬栽培的前期处在高温雨季,后期温度低,因此对土壤的通透性要求较高。宜选择地势稍高、排灌方便、土层深厚、疏松肥沃、中性或微酸性的沙质壤土,最好选择前茬为晚稻的田块,避免连作和与茄果类作物轮作,以避免连作病害的发生。

马铃薯是高产喜肥的作物,尤喜有机肥,在整个生育过程中需要消耗很多养分,在肥料三要素中,对钾肥需要量最多,氮肥次之,磷肥较少,氮、磷、钾比例($N:P_2O_5:K_2O$)一般为2:1:4。施足基肥是马铃薯高产的关键措施之一,基肥应以有机肥为主,化肥为辅。有机肥一般每亩用农家肥3000千克左右,三元复合肥30～40千克,硫酸钾8～10千克,随整地施入土壤。

如果前茬是水稻田，则收割前 7 天左右排干水，收获后及时进行深翻晒垡。为提高劳动效率和整地质量，最好用拖拉机机耕一次，然后再按规格起垄做畦，做到细碎、整齐。畦宽 80~100 厘米，沟宽 25~30 厘米，垄高 25 厘米，双行种植。

(3) 种薯处理

① 种薯挑选 健康种薯应为薯块完整、无病虫害、无伤冻、薯皮光滑、新鲜的幼嫩薯块，淘汰畸形、尖头、裂口、薯皮粗糙老化、皮色暗淡、芽眼突出、受冻发僵以及退化的薯块。

② 种薯消毒 将种薯挑好后摊开，用75％百菌清400倍液喷洒，薄膜覆盖 2 小时后通风晾干（不要暴晒），存放于阴凉、干燥处。

③ 种薯切块 播种前一天进行种薯切块，切成 30 克左右的种块，存放在阴凉、干燥、有散射光处，待切口愈合后播种（切口敷上草木灰能促进愈合）。也可将种薯用0.5％福尔马林溶液浸 20~30 分钟，捞出后放成堆，用薄膜覆盖闷种 6~8 小时，可有效防止种薯携带病菌。种薯切块的具体方法参照第四章"北方一季作区马铃薯露地优质高产栽培"中相关内容。

(4) 适时播种 马铃薯喜冷凉，不耐高温，应根据气候和鲜薯提早上市期确定最佳播种期。

秋冬马铃薯播种最适时间为 10 月中下旬至 12 月上

旬，待气温稍降时播种，播种后能充分利用冬前光热资源，使马铃薯前期有足够的生长量，便于越冬及春后的快速生长，提早上市。播种过早，则温度高，容易烂种，难以全苗，幼苗生长不良，幼苗期无法避开霜冻；播种过迟，则推迟鲜薯上市，生育后期遇到春雨容易发生病害，遇春季高温易导致早衰，影响产量。

合适的播种密度为 4000～4500 株/亩，双行种植，沟距 25～30 厘米，株距 25 厘米，播种深度 5～6 厘米。

在播种前后灌跑马水湿润土壤的同时，用 50 克乙草胺兑水 60 千克均匀喷洒地面防除杂草。过于干旱的稻田在水稻收割前 5～7 天应灌跑马水一次，以保证播种马铃薯时土壤不至于过干。播种时要避免种薯与肥料接触，种薯芽尖或芽眼向上，覆土后用稻草覆盖畦面，盖草后或用少量碎土压实或淋湿稻草，以防被风吹起。

（5）田间管理

① 中耕培土　齐苗后，结合中耕每穴留 1～2 株壮苗，将多余弱小苗剔除。马铃薯在通透性良好的土壤里生长，根系才能发达，块茎才易膨大，在封垄前要及时进行中耕培土两次。第一次在苗高 10～15 厘米时进行，以松土、除草为主，并培土 5～6 厘米；第二次在封行前进行，向薯苗基部培土 3～4 厘米，以创造良好的结薯环境。培土应尽量培宽、培厚，以利于结薯，还可防止薯块露出地面或表皮被晒绿。

② 追肥 全生育期共追肥 4~5 次。早施提苗肥，当幼苗出土 80%~90%，进行第一次追肥，以后每隔 7~10 天追肥一次，到封垄时结束追肥。第一、二次追肥每亩用复合肥 10~13 千克，尿素 2~3 千克；第三次追肥每亩用复合肥 10~13 千克，尿素 1~2 千克和硫酸钾 2~3 千克；第四次追肥每亩用复合肥 15~20 千克，加硫酸钾 10~12 千克；第五次追肥每亩用复合肥和硫酸钾各 10~12 千克。追肥时每亩用 1500~2000 千克的水将肥料配成水肥溶液进行淋施，若遇雨后土壤含水量高时可将肥料直接进行条施。

在幼苗期、结薯期（现蕾期）和膨大期（开花期）可用 500 倍的云大 120 或 0.3% 的尿素和 0.3% 磷酸二氢钾混合溶液，各进行一次叶面追肥，以提高叶片光合作用，促进植株生长和养分转移。

③ 浇水 马铃薯对水分要求严格，整个生育期要求土壤湿润，掌握前期足水、中期少水、后期湿润的原则。在结薯初期和盛期，土壤含水量为田间最大持水量的 70%~80% 比较适宜；结薯末期，土壤含水量为田间最大持水量的 60% 为宜。根据冬种期间的气候特点，前期主要防干旱，后期主要防渍水。具体水分管理方法如下：

a. 播种期灌溉 播种有干种和湿种两种方法。干种为先播种，播种后立即灌半沟跑马水，结合畦面浇水，土壤吸湿后立即排干；湿种为先灌水，土壤吸湿后排干，隔天播种。播种后土壤过于干燥时，采用沟灌至半沟水，保留数小时后，畦中有8～10厘米土层湿润后及时排干。

b. 发芽期灌溉　即从下种到幼苗出土时进行的灌溉。秋冬马铃薯播后到发芽正值秋冬干旱季节，要及时灌水，灌水以灌跑马水为宜，保证土壤有一定的湿度，供幼芽正常生长需要。

c. 幼苗期灌溉　即从出苗到团棵进行的灌溉。出苗后，如果遇到干旱，需再灌半沟跑马水，以保持土壤湿润。

d. 发棵期（现蕾期）灌溉　即从团棵到初花进行的灌溉。发棵期是马铃薯地上部迅速生长的时期，此时，茎叶生长繁茂，块茎开始形成和膨大，需水量开始增加，要特别注意保持水分充足。若遇干旱，要及时灌水或留沟底水，以保持土壤湿润。

e. 结薯期灌溉　即从开花到茎叶枯黄进行的灌溉。现蕾后茎叶生物量达到最大值，地上部蒸腾旺盛，地下茎生长也增加，此时需水量最多，应经常保持畦面湿润，以利于块茎的膨大，如遇干旱应及时灌水。成熟期阴雨天气较多，水分不宜过多，避免因水分过多导致烂薯和贮运烂薯，特别是后期春雨季节要注意开沟排积水，以防田间渍水造成烂薯。

④ 防冻害　秋冬种植马铃薯常受霜冻冷害的影响，严重时造成马铃薯冻伤、冻死，在栽培上应防止或减轻冻

害的发生。主要方法有：

a. 防止徒长　在马铃薯现蕾期，每亩用 15％多效唑粉剂 30 克兑水 40 千克均匀喷于茎叶上，可抑制植株徒长，促进植株横向生长，使植株矮化、叶片厚、茎秆粗、叶色加深，从而增强抗寒力，提高作物的抗逆性，并有效地减轻霜冻寒害，同时可促进地下部生长，加速块茎膨大，提高产量。

b. 增施热性肥料　适当增施热性肥料及含钾肥料，如草木灰、火烧土等。因热性肥料可增加地温，钾能影响细胞的透性，提高细胞的浓度，从而可增强抗寒性。

c. 灌水保温　寒流降温来临前 1～2 天，在畦沟内灌半沟水，畦面保持湿润，以增加土壤的热容量和降低导热率，提高地温，减轻冻害，寒流过后即排干水。

d. 熏烟驱霜　在霜冻来临当夜 23：00 左右，用炉或废旧铁桶装稻谷或锯末，泼少量废柴油或废机油，上面覆盖少许土进行熏烟，以改变小气候，达到驱霜防霜的目的。

e. 洗霜减轻冻害　下霜后，应早巡查，发现植株有霜，抓紧在早晨化霜前及时喷水洗霜，防止生理脱水，以减轻冻害。

(6) 收获　当马铃薯植株停止生长，茎叶枯黄，薯块颜色由浅转深，块茎易与匍匐茎分离时是最适宜收获期，一般在 3 月上旬至清明前收获。收获过早，块茎不成熟，产量不高；收获过迟，会降低品质。要选择晴天土壤干爽时进行采挖。

(7) 病虫害防治 冬季马铃薯生长期间几乎没有降雨，空气湿度低，气温也较低，比夏季栽培病虫害轻。主要病虫害有晚疫病、青枯病、蚜虫、地老虎等，其发生特点及防治方法参照第六章内容。

8. 南方二季作区马铃薯高产冬春栽培有哪些关键技术？

根据马铃薯的生育特性，充分利用自然气候资源，在南方地区的中低海拔地带开发种植冬春马铃薯，供应蔬菜淡季市场，经济效益显著高于种植粮食及棉花的效益。南方地区马铃薯的冬春栽培技术措施包括以下几个方面：

(1) 选择适宜的品种 选择适宜冬春季生长、抗逆性强的马铃薯品种是获得高产的关键。冬春马铃薯生育期温度低，昼夜温差大，雨量相对较少。应选早熟丰产、品质优良、休眠期短、易催芽生根和抗病耐寒的脱毒品种，如中薯 3 号、费乌瑞它、早大白、中甸红等品种。

(2) 整地施肥 选择土质疏松、土层深厚、通透性好、排灌方便、土壤肥沃的田块，不要选择前茬为茄科蔬菜的田块种植。亩施腐熟农家肥 3000 千克左右，过磷酸钙 50 千克，复合肥（N：P：K＝15：15：15）30 千克，尿素 15 千克，混合作基肥。翻耕土壤后做小高垄，起垄栽培可提高地温，改善土壤透气性，促进早出苗及薯块膨大。垄高 10～15 厘米，垄宽 70 厘米，每垄两行，垄间距 25 厘米。南方地区，由于多采用早熟品种，生育期短，所以密度比北方较高，一般每亩种植 6000 株以上。

(3) 种薯处理　在播种前的 15～20 天催芽。其方法是将种薯平铺，厚度以 15 厘米为宜，让阳光自然照晒，每天翻种薯 1 次，夜间堆垒并用草或膜盖好。晒种 2～3 天后，将种薯放在通风、温暖、微保湿处催芽。当芽长到 1～1.5 厘米时，在散射光处，将个体大的种薯切成 40～50 克大小均匀的种薯块。切块时，每一种薯保留芽眼 1～2 个，并在刀切口面上涂上草木灰，以免薯块腐坏。

(4) 适时播种　冬春种植的马铃薯一般在 12 月至翌年 1 月播种。

(5) 田间管理　中耕培土 2～3 次，向薯苗基部培土 4～5 厘米，在封行前结束培土，以创造良好的结薯环境。还要结合培土消灭杂草。

生长期施肥 2～3 次，每次每亩追施尿素 15 千克、复合肥 25 千克、硫酸钾 10 千克。适时灌水，播种后 2～3 天浇一次透水，并在每次追肥后及时灌水。马铃薯生长中后期温度升高，应根据天气状况每隔 7～10 天浇透水一次，保证水分供给。

(6) 病虫害防治　冬春季马铃薯栽培也应及时防治病

虫害，重点防治蛴螬、蚜虫、潜叶蝇、疫病等。

（7）适时收获 当马铃薯的生育期达 120～125 天时即可收获，一般在 5 月份刨收。

9. 南方二季作区马铃薯高产地膜覆盖栽培有哪些关键技术？

（1）选择适宜的品种 在品种选择上要选用早熟品种，如东农 303、早大白、超白等脱毒种薯。马铃薯在栽培过程中种性退化较快，连续种植两年产量明显下降，块茎变小，商品率降低，因此要想获得高产必须选择脱毒种薯。

（2）施肥整地 马铃薯适应性较强，但要想获得较高的产量应选土层深厚、肥力中上等、土质疏松的壤土或沙壤土，排灌方便，不与茄科蔬菜重茬的地块。马铃薯生长所需钾肥较多，在施肥上应以农家肥为主，化肥为辅，并注意钾肥的施用。每亩施农家肥 3000 千克左右，尿素 50 千克，磷酸二铵 30 千克，氯化钾（或硫酸钾）50 千克，于播前撒施或播种时施到沟内。整地最好在秋天进行，深翻 22～25 厘米，随翻随耙压，于播种前起垄，垄高 15 厘米左右。

（3）种薯处理 晒种、切块、催大芽，方法参照第四章北方一季作区马铃薯高产栽培技术的相关内容。芽长2～

3厘米，出现幼根时即可播种。也可采用小整薯（20～50克）催芽后播种，据试验测定，小整薯直播比切芽增产20%左右。

（4）适时播种　由于马铃薯块茎形成所需适温是15℃左右，20℃左右就会延迟形成块茎；块茎膨大适温是20℃左右，超过25℃就会停止生长。所以在温度条件允许时应尽量早播，使马铃薯在适宜温度条件下生长，在高温来临时已完成生长，当10厘米土温达到4～5℃时就可播种。播种时小行距40厘米，大行距80厘米，株距22～25厘米。

播种后在畦面和垄沟内均匀喷洒除草剂，可用90%的乙草胺100～130毫升，或48%的氟乐灵100～150毫升，分别兑水30～40升。

喷完除草剂随即盖膜，铺膜时膜要拉紧，贴紧地面，床头和床边的薄膜要埋入土里10厘米左右，并压严，用脚踩实。盖膜要掌握"严、紧、平、宽"的要领，即边要压严，膜要盖紧，膜面要平。为防止薄膜被风揭起，可在床面上隔一段压一小堆土防风揭膜。

（5）田间管理　及时放风、引苗，由于催大芽播种出苗较早，应及时破膜引苗。当幼苗拱土时，用小铲或利器，在长有幼苗的地方，将膜割一个"T"字形口子，把苗引出膜外后，再用湿土封住膜孔。在生长过程中，要经常检查覆膜。如果覆膜被风揭开，或磨出裂口等，则要及时用土压住。

及时灌水，马铃薯现蕾开花期是需水关键期，遇天旱时要及时浇水，否则将严重减产并增加畸形薯的比例。方法是在现蕾时浇第一水，隔 10 天再浇第二水，随后根据天气和马铃薯生长情况浇第三水，一般浇三遍水即可。

多雨年份，茎叶易徒长，可在花期喷多效唑控上促下，即用 15% 粉剂兑水后均匀喷在秧上，尽量不要喷在地上。

在生长后期薯块膨大时，如果因播种浅，块茎破土露在膜内，会造成青头，影响质量，可再从床沟中挖取土培在根部，防止阳光照射，减少块茎的青头现象。在生长后期及时喷药防治晚疫病。

（6）适时收获 当单株薯重达到 500 克左右时根据市场行情及时收获上市。

10. 南方二季作区马铃薯高产稻草覆盖免耕栽培有哪些关键技术？

马铃薯稻草覆盖免耕栽培技术是一项创新技术，是针对解决马铃薯传统栽培方法操作繁杂、费工费力的问题，根据马铃薯是由地下块茎膨大形成的生长发育规律，在温度和湿度合适的情况下，只要将植株基部遮光就可以结薯的原理，研究改进而成的一项省工节本、增产增收的轻型栽培新技术。其最显著技术特点是改传统的稻田翻耕为免耕，改挖穴下种为摆薯和覆盖稻草，改挖薯为捡薯。由于马铃薯收获正处于淡季，效益好，所以深受广大农户欢迎。在南方二季作区，马铃薯是主要冬种作物之一，容易受干旱、霜冻、春涝等灾害性天气影响。为使冬种免耕马铃薯早熟、优质、高产，应掌握栽培技术要点。

(1) 选择优良品种　宜选择费乌瑞它、东农 303、克新 2 号、克新 4 号、克新 18、奉薯 4 号、粤引 85-38、大西洋等早中熟的脱毒良种。以选用 20～30 克的小薯整薯播种为宜，种薯要求新鲜、光滑、整齐、无病虫害。

(2) 选择稻田，整地施肥　马铃薯喜肥、耐旱、怕渍，应选择地下水位低、土壤肥沃、排灌方便的沙壤土稻田，忌用涝洼稻田。秋马铃薯前作应以中稻为主，一般晚稻难以保证季节。要求在水稻收割前半个月排干田水，收割时尽量贴地收割，不留禾茬。收割水稻后立即进行整地，只需分畦开沟，不用翻耕畦面。

可根据稻田肥力和产量要求一次施足基肥，不追施肥料，以有机肥为主，化肥为辅。基肥随整地施入，每亩施尿素 5 千克、硫酸钾 10 千克。无有机肥的，每亩施复合肥 30 千克；有有机肥的，每亩施腐熟农家肥 500～1000 千克。

(3) 种薯处理　未发芽的种薯不宜直接种植，宜放于阴凉地方自然催芽再种，避免种后出芽迟、出苗率低和参差不齐。选用小薯整薯播种，播前催芽即可。切薯块播种的在播种前 10～15 天进行，切薯时每块重 20～30 克，有 1～2 个芽（芽眼），切后用鲜石灰粉消毒种薯切口。带芽播种是促进马铃薯早出苗、出壮苗的关键技术。切块催芽参照第四章"北方一季作区马铃薯露地优质高产栽培"中相关内容。

（4）播种 马铃薯喜凉爽气候，以日平均气温稳定降至 25℃ 以下播种为宜。海拔 300～500 米以下的平丘区，适播期在 9 月中下旬至 10 月中旬；海拔 500～800 米的低山区，适播期在 8 月下旬。按行距 30～35 厘米、株距 20～25 厘米摆放种薯，种薯芽眼向上或侧向，每亩 5000～6000 株，可用碎泥薄盖种薯。播种后，将基肥撒施或点施于种薯中间，注意种、肥必须相隔，以免沤种、烧芽。

（5）覆盖稻草 播种后用 8～10 厘米厚的稻草覆盖种薯，轻轻拍实，覆盖厚度以畦面不透光为度。稻草覆盖厚度不足 8 厘米，很有可能产生绿薯，影响商品性；覆盖过厚（超过 15 厘米），不利于出苗，还会影响产量。注意稻草要覆盖均匀，并盖到畦边两侧。每亩用稻草 1000 千克左右（即每亩马铃薯需用 2 亩半田左右的稻草）。用机械或人工将清沟的泥土覆盖在稻草上压若干个点，以防稻草被大风刮乱。盖草后进行清沟，留排水沟，宽 30 厘米左右，深 20～25 厘米，利于排灌。清沟起畦后，每亩用乙草胺 150～200 毫升均匀喷湿畦面、畦沟，防止杂草生长。

(6) 田间管理

① 查苗补缺　出苗后，应逐行检查，对缺苗、死苗部分及时补种，确保全苗。出苗期有些苗被稻草缠绕，可用木条拨开稻草，加快出苗速度。

② 施肥　生育期间一般不再施肥。有条件的可追肥2~3次：出苗达80％时即可进行第一次追肥，亩用尿素5千克、硫酸钾型复合肥5千克；第二次追肥时间宜在现蕾期前后，亩用尿素5~8千克、硫酸钾型复合肥10千克、钾肥5千克；马铃薯进入结薯膨大期后，要进行第三次追肥，亩用尿素5千克、硫酸钾型复合肥10千克、钾肥10千克。喷施叶面肥。从现蕾期开始，每隔7~10天，结合病虫害防治亩用尿素100克、磷酸二氢钾肥150克、高美施250克兑水100千克叶面喷施，共喷5~6次。

③ 浇水　稻草覆盖栽培必须做好水分管理。在马铃薯生长发育期，必须保证有足够的水分，要求土壤相对湿度在60％~80％。特别是薯块膨大期，植株地上部蒸腾旺盛，地下茎生长迅速，因此薯块需水量较多，应经常保持土壤湿润，以促进块茎膨大，并促进稻草腐烂。干旱时应采取小水顺畦沟灌，使水分慢慢渗入畦内。方法是灌跑马水，一般灌半沟水2~3小时，待土壤湿润后立即排干，不可用大水漫灌，绝不能渍水，以防烂种。在多雨季节或低洼地方，应注意排水，防止田间积水而造成烂薯。

④ 加强后期薯块检查　发现薯块见光变青要及时覆

盖细土遮光。

⑤ **防寒避害** 一般冬至前后会出现一次霜冻过程，在霜冻发生时，有条件的要采取稻草、农膜覆盖避霜，无条件的要用熏烟、喷施防冻剂方法，降低霜冻为害程度。

（7）收获 当马铃薯植株停止生长，大部分茎叶由黄绿色转变为黄色，茎部叶片脱落时，即可选晴天采收，收获前 10 天左右要停止灌溉，以提高品质，增强耐贮性。利用稻草覆盖种植马铃薯，70％的薯块都生长在土表，收获时无需用铲挖薯，只需拨开稻草就能拣薯。如果要分批或分级采收，应立即把稻草重新覆盖好，切忌产生漏光，以免形成绿薯造成损失。因为此时的稻草有相当一部分已经腐烂，经扒开收薯一次后，全田稻草的遮光作用明显下降。每亩马铃薯平均产量多在 1350～1450 千克，高产田块可达 2000 千克。

11. **西南单双季混作区马铃薯高产栽培有哪些关键技术?**

西南单双季混作区，又称西南山区垂直分布区，该区地形复杂，气候差异悬殊，包括云南、贵州、西藏、湖南西部山区、湖北西南和西北部山区。该区有一季和二季栽培。一季作栽培多在西南高寒山区，为一年一熟的单作制；二季作栽培在西南山区的中山、低山地带，由于气温高、无霜期长，一年两熟栽培。西南单双季混作区栽培方式可参考北方一季作区、中原二季作区、南方二季作区的不同栽培模式，不再赘述。在此将西南单双季混作区马铃薯高产栽培要点介绍如下：

（1）品种选择　西南单双季混作区栽培马铃薯应选用结薯早、块茎膨大快、休眠期短、高产、优质、抗逆性强的早熟脱毒品种，如合作 88、会-2 号、新芋 4 号、川芋 56、鄂 783-1、鄂马铃薯 1 号、南中 552、鄂马铃薯 3 号、安薯 56 等。

（2）切块催芽　春播每亩需种薯 120 千克左右，播前一个月将种薯放在温度 15～20℃ 的黑暗环境中春化处理。播前 20～25 天将种薯切块，每块有 1～2 个芽眼，质量 25～30 克。种薯切块后用多菌灵和甲霜灵 500 倍液对种薯进行杀菌处理，防止播种后烂种，确保出苗。

（3）整地施肥　应选择土壤肥沃、地势平坦、排灌方便、耕作层深厚、土质疏松的沙壤土地块。前茬以禾谷类作物、豆类作物、棉花、萝卜、大白菜等为宜，不宜以茄科作物为前茬。前茬作物收获后，应及时深耕 30 厘米左右、晒垡、风化、冻死越冬害虫。早春解冻后应及早耕耙整地，结合早春整地，施足底肥。一般亩施优质腐熟有机肥 4000～5000 千克、尿素 20 千克、过磷酸钙 50 千克、硫酸钾 30～40 千克。要求按行距 80 厘米起高垄整地。

（4）适时播种　西南春播马铃薯的适宜播期为 12 月下旬至 1 月上旬。若播种过早，幼苗易受冻害；播种过晚，薯块膨大时正处于高温多雨季节，地上部茎叶易徒长，影响块茎养分积累，导致严重减产，且薯块易感染病害烂薯。按株距 20 厘米开沟播种，薯块在沟内芽朝上摆好后，每亩用 72％异丙甲草胺 100 毫升或 50％乙草胺 120 毫升，兑水 40～50 千克均匀喷雾防治杂草，随后立即覆膜。

（5）田间管理

① 及时破膜　播种后 20～25 天幼苗陆续顶膜，选择晴天及时将地膜破孔引苗，并用细土将破膜孔掩盖。

② 中耕培土　在现蕾初期和开花初期各培土一次，以防块茎露出地面。

③ 水肥管理　播种后要保持土壤湿润，利于出芽；苗未出齐前不能灌水。结合墒情，现蕾期、开花期、薯块迅速膨大期各浇水一次，要灌跑马水，保持沟底不积水，注意清理排水沟，保证薯田无积水。并在开花初期亩追施尿素 10～15 千克，收获前 5～7 天停止浇水，以防田间烂薯和影响薯块贮藏。此外，在植株生长中后期叶面喷施 0.3％的磷酸二氢钾溶液两次，以防早衰。

④ 控制徒长　在现蕾开花期，对有徒长趋势的田块，亩用 15％多效唑 20～25 克，兑水 40～50 千克喷雾。

（6）病虫害防治　及时防治病毒病、晚疫病、蚜虫、蛴螬、地老虎等病虫害。

（7）适时收获 马铃薯块茎充分长大，地上部植株停长，茎叶变黄，基部叶片脱落时，即可收获，也可根据市场需求随时刨收。收获时注意要在高温和雨季到来前进行，用锄头挖收薯块，并进行分级出售。

12. **马铃薯间作套种栽培技术有哪些优势？**

间作套种是在无霜期短，热量条件一季有余、两季不足的高寒地区进行的一种高效种植模式，对于提高当地土地利用率、增加复种指数、搞好集约化农业、提高农民收入具有重要的意义。由于马铃薯播种早、生长速度快、生育期短、收获较早，是推广间作套种的理想作物。在肥料充足，水利条件较好，安排得当的情况下，马铃薯与其他作物间作套种，可以做到"粮棉不少收，多收一季薯"，具有宽阔的市场空间。马铃薯与其他作物间作套种可充分利用各自的生物学特性，充分发挥田间边际效应，通风透光良好，能最大限度地利用生物空间和光照，优化种植，提高复种指数，提高土地利用率，可有效利用土壤不同层次的养分，提高单位面积产量、产值，提高土地产出率，是优化山区作物结构，促进农民增收、农业增效的有效途径。

13. 马铃薯地膜覆盖间作玉米栽培技术有哪些优势？

马铃薯、玉米和白菜间作套种是南方二季作区和北方二季作区的一种主要种植模式。这种高低秆作物套种的方式，可以充分利用高低秆作物的立体生长空间，有效利用光能资源。在马铃薯封行前移栽玉米，马铃薯对玉米前期生长没有太大影响，玉米封行前，马铃薯将近成熟，玉米亦对马铃薯的后期生长影响不大，从而两种作物都能丰产。

此间套作方式充分利用地膜覆盖，马铃薯提前种植，有利于结薯期提前，使块茎膨大盛期避开夏季的高温天气。在6、7月份的高温季节，间作的玉米可给马铃薯起到遮阴作用，为马铃薯块茎膨大创造了比较适宜的阴凉环境。玉米行距加大，通风透光条件好，可充分发挥边行优势。马铃薯生长期较短，对当季肥料的利用率较低，正好为间作的玉米提供比较良好的土壤肥力条件。

14. 南方二季作区马铃薯间作玉米套种大白菜栽培有哪些关键技术？

在南方二季作区马铃薯于11～12月份播种，翌年3月中下旬出苗；玉米3月育苗，4月移栽；8月上旬在玉米行间套种大白菜。马铃薯播种时预留玉米行，一般采取双行马铃薯间作 1 行玉米的种植方式。其栽培模式及栽培技术要点如下：

（1）品种选择 马铃薯选用高产、优质、早熟的脱毒品种，如合作 88、费乌瑞它、早大黄等；玉米选用叶片上冲、优质、高产品种，如会单系列和楚玉 1 号杂交种等品种；大白菜选用高产、抗病品种，如丰抗 70 等品种。

（2）马铃薯种薯处理 马铃薯播种前要进行催芽，催芽时间一般在 1 月底至 2 月初，在屋内或向阳处建催芽畦。畦底铺上 15 厘米厚的湿沙土，把切好的薯块摆放在畦中，再盖上约 10 厘米厚的沙性湿土，之后盖上薄膜，催芽 25～30 天。也可用赤霉素浸种 0.5～1 小时后再催芽。

（3）整地施肥 要尽量选择肥厚疏松的沙壤土，以利于马铃薯块茎的膨大生长。整地时亩施腐熟的农家肥 3000 千克，硫酸钾 10 千克，复合肥 60～70 千克，翻耕后整地。实行垄作栽种，按 1.2 米宽起垄，宽垄有利于马铃薯收获和下茬白菜套种及玉米边行优势的发挥，垄高 15 厘米，下底宽 90 厘米，上顶宽 60 厘米。每垄种植 2 行马铃薯，行距 50 厘米，每亩 4500～5000 株；垄沟底种 1 行玉米，株距 10～15 厘米，每亩 4500 株左右，玉米距马铃薯 35 厘米。

（4）播种　当马铃薯芽长 0.5~1 厘米时，即可切块播种，切块上需带 1~2 个芽眼，一般在 2 月下旬至 3 月上旬播种，最好采取地膜覆盖栽培，可提前上市，采用拱棚栽培的上市时间更早，从而可争取价格优势，提高种植效益。种植时要确保播种深度，以防种植过浅，薯块露出地表颜色变绿，影响商品销售价格。带芽移栽后盖上地膜，或加盖地膜小拱棚。春玉米间作种植时间在 5 月 1 日前后，按照栽培方式要求，于垄沟底及时进行种植。因玉米属于喜水肥作物，浇灌或雨水流入沟底均十分有利于玉米健壮生长，下茬玉米行间套种的白菜于 8 月上旬进行育苗，并于 8 月底至 9 月初在玉米收获前移栽套种于玉米行间。

（5）田间管理

① 及时破膜提苗　马铃薯播后 15~20 天出苗，这时要及时破膜提苗，防止叶片贴膜烧苗。

② 浇水追肥　当马铃薯长到 4~5 片叶时及时进行追肥浇水，结合浇水追施复合肥 20 千克；现蕾期亩追尿素 10~15 千克。追肥后浇水，以保持土壤湿润，一般 20 天浇 1 次水，以浇小水为宜，严禁大水漫灌。在玉米水肥管理上，视天气情况重点做好大喇叭口期和灌浆期两次关键肥水管理工作。

③ 喷洒多效唑，防止徒长　在马铃薯初花期视长势

喷洒多效唑，防止旺长。

④ 及时防治病虫害　马铃薯虫害主要是蚜虫、蛴螬等，可每亩用林丹粉 2 千克拌毒土处理土壤；病害主要是青枯病，可叶面喷施多菌灵、甲基硫菌灵等防治。玉米重点是抓好钻心虫的防治工作，可在玉米心叶末期每亩用 1.5％辛硫磷颗粒 0.5～1 千克直接撒入玉米大喇叭口内进行防治。

(6) 收获　马铃薯一般在 5 月中旬收获，平均亩产在 2500 千克左右；间作的春玉米一般在 8 月底至 9 月初收获，亩产可达 500 千克；套种的大白菜一般在冬季前收获，也可视价格高低提前陆续收获，一般亩产在 5000 千克左右。

15. 北方二季作区地膜覆盖马铃薯间作玉米套种大白菜栽培有哪些关键技术？

在北方二季作区常采用春马铃薯与玉米的间套种模式。马铃薯的适宜生长期为 4～5 月份，与其间套的作物最好是 6～7 月份能生长的喜温作物。其栽培技术要点如下：

(1) 品种选择　选择抗病毒病的脱毒种薯，如鲁引 1 号、丰收白、虎头、紫花白、克新 1 号、克新 4 号等品种。玉米可选用早熟、大穗、增产潜力较大的农大 108、掖单 13、农大 3138 等品种。大白菜选用丰抗 70、鲁白 3 号等抗病、高产品种。

(2) 种薯处理 催芽切块，切块时一定要剔除尾芽，以免影响产量。种薯切块的具体方法参照第四章"北方一季作区马铃薯露地优质高产栽培"中相关内容。

(3) 整地施肥 选择疏松肥沃、富有有机质、耕作层深、保水性能好的沙壤土地块。多茬种植要做到平衡施用肥料，既要施足底肥，培肥地力，又要科学追肥，满足作物关键生育期对养分的需要。结合整地亩施有机肥 5000 千克、尿素 10 千克、氯化钾 10 千克，翻耕后整地，采用小高垄栽培。每种植带宽 100 厘米，垄底宽 80 厘米，顶宽 60 厘米，高 20 厘米，垄沟宽 20 厘米。

(4) 播种 马铃薯在 2 月上旬于垄上播种 2 行，窄行距 30～33 厘米，株距 20 厘米，随播种随盖膜，一膜双行。3 月下旬在两个高垄的垄沟内套种一行春玉米，株距 20 厘米。玉米收获后整地施肥，于 8 月上旬直播大白菜，行株距 50 厘米×50 厘米。

(5) 田间管理 马铃薯播种后 25～30 天出苗，在出苗阶段，每天上午 10 时前检查出苗情况，及时引苗出膜，同时用湿土盖严膜孔。马铃薯生长前期蹲苗不浇水，促根深扎；块茎膨大期开始浇水，并经常保持土壤湿润，以满足块茎膨大对水分的需求。马铃薯现蕾盛期喷 15% 多效唑可湿性粉剂，亩用量 40～50 克，防止徒长。玉米在拔节期与大喇叭口期分别结合浇水亩追施碳酸氢铵 30 千克或尿素 10 千克。玉米收获后及时整地，亩施过磷酸钙 50 千克、尿素 20 千克，以满足大白菜的整个生育期的需求，并在莲座期亩追施碳铵 30 千克，结球初期亩追施三元复合肥 25 千克，结球中期亩追施尿素 15 千克。

(6) 收获　马铃薯于 5 月上中旬收获，一般亩产马铃薯 2000～2500 千克。7 月底至 8 月初收获玉米，亩产 500 千克。10 月底至 11 月上旬收获大白菜，亩产 5000 千克。

(7) 病虫害防治　马铃薯主要病虫害有蚜虫、早疫病、晚疫病等，防治方法参照第六章相关内容。玉米苗期喷施 25% 扑虱灵 1500 倍液，以消灭传播玉米病毒病的粉虱、飞虱等；大喇叭口期及穗期吐花丝时，注意防治玉米螟，以确保穗部无虫害，提高商品率。对白菜的蚜虫、菜青虫、霜霉病、软腐病等要早防早治，控制其蔓延，减轻危害，减少损失。

16. 地膜覆盖马铃薯间作玉米套种烟叶栽培有哪些关键技术？

马铃薯间作玉米套种烟叶技术能充分发挥马铃薯地膜覆盖高产栽培技术优势，即在其垄间点种玉米，马铃薯收获后在其行带移栽烟叶。其高产高效栽培技术要点是：

(1) 整地施肥　应选择土层深厚、肥力中上、灌溉方便的沙壤土地块。亩施腐熟农家肥 5000 千克、磷酸二铵 25 千克、尿素 15 千克，结合翻耕一次性施入作基肥。起垄种植，垄高 15 厘米，下底宽 90 厘米，上顶宽 60 厘米，每垄种植 2 行马铃薯，行距 50 厘米，每亩 4500～5000 株。垄沟底种 1 行玉米，株距 10～15 厘米，每亩 4500 株左右，玉米距马铃薯 35 厘米。马铃薯收获后移栽烟叶，株距 40 厘米，行距 20 厘米，每亩 2000 株左右。

(2) 适时播种 催芽后的马铃薯当芽长 1～2 厘米时即可播种。青海东部地膜覆盖的情况下一般在 3 月15～20日，播种后即可覆膜，并用湿土把地膜两边压实，以防风吹揭膜。

玉米播种期是在当地气温稳定通过 19℃ 为最佳时期，在青海东部地膜覆盖的情况下，一般在 4 月下旬播种，按株行距点播。

(3) 烟叶复种 掌握适时育苗是烟叶产量高低、品质好坏的关键。烟叶育苗应在马铃薯收获前 40～50 天进行。播种育苗方法同常规方法。当烟叶出齐苗后及时进行间苗，当烟叶长至 4～5 片真叶时就可移栽。移栽前，做好马铃薯行带的复平，拾净带内废旧地膜，深翻整地，按株行距移栽。移栽后，及时浇水，以提高成活率。生长期亩追尿素 20 千克，或用腐熟鸡粪等优质农家肥对烟叶根部培肥，并及时结合松土浇水。生长后期摘顶打芽，每株烟叶留 6～7 片叶，在霜冻来临前及时采收。

17. 马铃薯间作棉花栽培有哪些关键技术？

此种模式是棉区主要间套模式。马铃薯利用了春季冷凉季节的光能，其收获后，棉花进入了旺盛生长阶段，充分利用了夏秋高温季节的光能。薯棉共生期只有 30～45 天，马铃薯棵矮，棉薯间作基本不影响棉花生长，棉花苗期时间又稍长，为马铃薯生长提供了较充足的空间，棉花不少收，且多收一季薯，有着广阔的发展前景。此外，马铃薯与棉花间套作的前期，可给棉花挡风，延迟棉蚜的危害。马铃薯收获后，薯秧可压青培肥地力，增加棉花营养，同时改善棉田的通风透光状况，有利于结铃坐桃，提高棉花产量。马铃薯的根系较浅，棉花根系较深，使土壤深浅层次的水分和养分得到充分利用。马铃薯与棉花间作的栽培技术要点是：

（1）选择品种与种薯处理　马铃薯应选择早熟品种，如费乌瑞它、鲁薯 1 号、中薯 2 号等高产脱毒品种，播种前进行种薯催芽处理，催大芽、壮芽，适时早播，尽量缩短与棉花的共生期。棉花品种应选用抗虫棉。

（2）施肥整地　按春马铃薯栽培中的方法施肥整地，并起垄种植。马铃薯与棉花的间套模式一般采用双垄马铃薯与双行棉花间套。总幅宽为 170 厘米，内种两行棉花和两垄马铃薯。马铃薯的行株距为 65 厘米×20 厘米，棉花的行株距为 55 厘米×20 厘米，棉花与马铃薯的行距为 25 厘米。这种模式有利于田间管理，在棉花苗期不需要浇水时，可在马铃薯垄间浇水，在棉花行间进行中耕。这样可以解决在共生期内马铃薯与棉花需水量不一致的矛盾，马铃薯结薯需水多，而棉花在苗期需勤中耕、少浇水，以提高地温。

（3）播种 马铃薯播种期均在 3 月上中旬，按株行距播种，薯芽向上，覆土 5～7 厘米，镇压后覆盖地膜。棉花于 4 月下旬按株行距播种。地膜覆盖的可用马铃薯垄上揭下的膜反扣在棉花垄上，实现一膜两用。

（4）田间管理 马铃薯幼苗出齐顶膜时揭膜，并进行第一次培土，封垄前培第二次土，每次培土 3～5 厘米，要及时摘除花蕾，现蕾时薯块开始膨大，浇水宜早不宜晚，视秧苗情况追肥，秧苗徒长可喷多效唑或矮壮素溶液。

（5）收获 马铃薯生育期短，地膜覆盖栽培 3 月上旬播种，6 月上中旬收获。

18. **马铃薯间作蔬菜栽培有哪几种类型？**

这种间套种模式主要分布在蔬菜产区，间套方式多种多样，主要有以下几种类型：

（1）薯瓜间套种 瓜类蔬菜如中国南瓜、西瓜、冬瓜等是喜温性而生长期长且爬蔓的植物，利用瓜行间的宽畦早春套种马铃薯是非常经济合算的。方式是每种4垄马铃薯留1个40厘米宽的瓜畦，马铃薯收获完以后的空间让瓜爬蔓。收瓜后可接一茬秋菜。

春季采用4行马铃薯、1行西瓜的栽培模式，即每隔2垄留1个预留行，起垄按100厘米宽间作西瓜。西瓜采收后种植秋马铃薯。地膜覆盖马铃薯播种期及密度按常规方式即可，西瓜亩栽植500～600株。西瓜在3月下旬至4月上旬开始育苗，4月底至5月初移栽，7月中下旬收获，8月中下旬种植秋马铃薯。

（2）马铃薯与高秆蔬菜间套种 茄子、辣椒、蚕豆、姜等作物都是生长期长的直立型作物，与马铃薯间套种均可提高光能利用率和土地利用率。同时可利用马铃薯行间在播种马铃薯的同时或稍后几天，播种耐寒速生蔬菜，如小白菜、小水萝卜或菠菜。这种模式可更充分地利用光能和土地资源。现主要介绍马铃薯与蚕豆的间套作方式：

马铃薯与蚕豆间套作在宁夏推广较多，此种植模式能提高对单位空间光、热、土资源的利用率，并适应干旱频繁的气候条件，实现旱年以薯补豆、稳产保收，丰水年薯、豆双增产。要求马铃薯播种密度稀疏，将播期相同的蚕豆间作其中种植，矮秆的马铃薯可利用近地面的太阳辐射光能，高秆的蚕豆则可有效地利用空间，将二者同田种植，可以充分利用光、水、热、肥等条件，达到提高产量和品质的目的。

① 选用良种　适宜间种的马铃薯品种应具备分枝角度小、株型紧凑、适于密植、抗病、高产、耐旱、质优等特征和特性。符合上述特征和特性的品种目前有青薯 168、宁薯 4 号等，最好用脱毒的小整薯，也可用大薯切块播种。蚕豆品种则要求抗旱保花、籽粒饱满、早熟、高产的大蚕、青海 3 号、曲农白皮等品种。

② 施肥整地　马铃薯播前亩施农家肥 3800～4000 千克，结合深翻施入土壤，随后整地做畦。马铃薯采用宽窄行种植，宽行行距 60 厘米，窄行行距 20 厘米，株距 37～42 厘米，每亩 4000～4500 株，而后在每一马铃薯宽行内间种 1 行或 2 行（行距为 20 厘米）蚕豆，每亩 8000～8500 株。

③ 适期播种　马铃薯间种蚕豆实行同期播种，将使蚕豆播期有些推迟，而马铃薯播期则得以提前。所以，马铃薯间种蚕豆田的播期应调节在两作物单种适播期的中间。在半干旱区一般于 4 月下旬至 5 月初播种较为适宜，阴湿区则适当推迟至 5 月中旬。

④ 田间管理　在马铃薯行间应进行 2 次以上的中耕培土，第一次在苗期以中耕为主结合浅培土，第二次在现

蕾期高培土并追施氮肥，培土高度达 25 厘米以上。生长期每亩追施尿素 5 千克左右。田间发现马铃薯晚疫病、蚜虫等病虫害应及时防治。

（3）马铃薯与矮生蔬菜间套作

① 马铃薯与小白菜、油菜、菠菜间套作　马铃薯一般采用 90 厘米宽种 1 行，马铃薯垄宽 60 厘米，株距 20 厘米。将马铃薯垄间整成平畦，播种 3 行小白菜或菠菜，行距 15 厘米。马铃薯催大芽提早播种，培垄后覆盖地膜。菠菜可与马铃薯同时播种，小白菜或油菜则于 3 月中下旬播种。小白菜等速生菜一般播种后 40～50 天收获，收获后及时给马铃薯培土。然后施肥并整平菜畦，定植 1 行茄子，株距 40 厘米。6 月下旬马铃薯收后，给茄子追肥培土，加强夏季管理，霜降前后，茄子拉秧，栽种越冬菜，这样可以达到三种三收。

② 马铃薯与菜花、甘蓝、萝卜间套作　马铃薯与菜花或甘蓝间套种时，幅宽为 160 厘米，种 1 行马铃薯，垄宽为 60 厘米，株距 20 厘米。马铃薯垄间整平做畦种 3 行甘蓝或菜花，株行距为 45 厘米×45 厘米。甘蓝或菜花都应提前育苗。与春马铃薯间作时，甘蓝和菜花的育苗苗龄为 70～80 天，育苗时间应在 1 月上中旬。与秋马铃薯间套作时，甘蓝和菜花的育苗时间为 25 天左右，可在 7 月中旬育苗。春马铃薯于 2 月中旬前后催芽，3 月上旬或中旬

播种，播种时施足基肥并浇好底水，播种后一次培够土，培土高约 10～12 厘米。于 3 月中旬定植甘蓝，浇足定植水，定植后覆盖地膜。缓苗前一般不再浇水，管理上主要是提高地温，促幼苗早发根，最好进行一次中耕松土，以提高地温。秋马铃薯一般于 8 月上旬播种，播前催大芽。播完马铃薯后即定植甘蓝或菜花。

19. 薯粮菜间套作有哪些关键技术？

按 160 厘米为一个种植带，春种 2 行马铃薯、1 行春玉米。马铃薯收获后及时整地，播种夏白菜。白菜和春玉米收获后，立即施肥整地，定植秋甘蓝或秋菜花，同时按上述介绍与秋马铃薯间套种。采用这种模式，要求马铃薯催大芽于 3 月上旬播种并覆盖地膜，行株距为 65 厘米×20 厘米。玉米于 4 月底至 5 月初播种，株距 20 厘米。马铃薯收获后，及时整平地，播种 4 行夏白菜，行距 40 厘米，株距 35 厘米，利用春玉米植株给夏白菜遮阴，有利于夏白菜生长。夏白菜和春玉米于 8 月上旬收获后，施足基肥整好地，进行秋马铃薯和秋甘蓝或秋菜花的间作套种。整地施肥和种薯催芽及间套作方式如前所述。这种间套作模式可以达到一年五种五收，更加高产高效。

马铃薯机械化栽培有哪些技术要点？

（1）农机及种植模式 2CMF-2B 型马铃薯种植机由 18 千瓦以上的拖拉机牵引，后悬挂配套的宽、窄双行种植机，主要由机架、播种施肥装置、开沟器、驱动地轮、起垄犁等部件组成，行距、株距可调。播种作业时，先由马铃薯种植机的开沟犁先开出一沟施肥，再由地轮驱动链条碗式播种机将种薯从种箱中定量播到沟里，最后由起垄犁培地起垄，完成播种作业。目前，马铃薯机械化栽培逐步形成了以机械化整地、机械化种植、田间管理、机械化收获技术为核心，以中、小型拖拉机和配套种植收获机械为主体的马铃薯机械化种植收获模式，主要有以下两种：一是平作模式，二是垄作模式。操作步骤是撒施农家肥→机械耕翻→机械化（起垄）施肥播种→中耕培土→田间管理→机械化收获→贮藏。

（2）选择优良品种 种薯应选择块茎大、口感好、抗病性强、产量高的青薯 2 号、高原 4 号等优良品种，挑除龟裂、不规则、畸形、芽眼突出、皮色暗淡、薯皮老化粗糙的病、烂等种薯。于播前 7～10 天将种薯置于向阳背风处晒种。

（3）种薯处理 切薯和催芽方法按常规方法进行

即可。

（4）整地施肥 选择地势平坦、地块多而集中、便于机械作业、前茬作物为小麦、油菜等禾谷类作物的地块，不与茄科蔬菜连作。由于马铃薯是高产喜肥作物，对肥料反应非常敏感，在整个生育期中，需钾肥最多，氮肥次之，磷肥较少。施肥时应以腐熟的农家肥和草木灰等基肥为主，一般亩施腐熟有机肥 5000 千克、尿素 50 千克、硫酸钾 20 千克。采用平作模式时选择没有经过耕翻的地块；采用垄作模式时要结合施有机肥机械耕翻 1 次，耕深为 20 厘米。

（5）播种 北方地区通常在晚霜前约 30 天开始播种，即日平均气温通过 5℃ 或 10 厘米土壤耕层深处地温达 7℃。一般在 4 月中下旬至 5 月初开始播种。播种深度：采用垄作模式时，垄播机覆土圆盘开沟器深度、开度要调整正确，确保垄形高而丰满，播种深度为 10～12 厘米，种薯在垄的两侧，行距 60 厘米，通过更换中间传动链轮调整株距，一般为 15～20 厘米，垄作模式选用北京产 2MDB-A 型马铃薯垄播播种机；平作模式的播种深度为 13～15 厘米，通过调整开沟犁、覆土犁在支架上的前后位置来调整株行距，株行距一般调为 25 厘米×50 厘米，选用内蒙古的 2MBS-1 型犁用平播播种机。

机械作业时，要求注意以下几点：

① 土壤湿度 播种作业时土壤湿度应为 65%～70%。

土壤过湿易出现在机具上粘土、压实土壤、种薯腐烂等问题，土壤过干不利于种薯出苗、生长。

② 机具调试　播种前要按照当地的农艺要求，对播种机的播种株距、行距、排肥量进行反复调试，以达到适应垄距、定量施肥和播种的目的。

③ 起垄形状　垄形要高而丰满，两边覆土要均匀整齐。土壤要细碎疏松，有利于根茎延伸，提高地温。以垄下宽 70 厘米，垄上宽 50 厘米，垄高 10 厘米为宜。要求土壤含水率在 18%～20%。

④ 播种　播行要直，下种均匀，深度一致，播种深度应以 9～12 厘米为宜。马铃薯种植时必须单块或单薯点种，在种植过程中应避免漏播或重播。种薯在垄上侧偏移 3 厘米左右，重播率小于 5%，漏播率小于 3%，株距误差 3 厘米左右。

⑤ 分层施肥　在播种的同时将化肥分层深施于种薯下方 6～8 厘米处，让根系长在肥料带上，充分发挥肥效。

⑥ 平稳行驶　马铃薯种植机一次完成的工序较多，为保证作业质量，机具行走要慢一点，开 1 挡慢行，严禁地轮倒转，地头转弯时必须将机器升起，严禁石块、金属、工具等异物进入种箱和肥箱。随时观察起垄、输种、输肥及机具运行状况是否正常，发现问题及时排除。

⑦ 故障排除　马铃薯种植机常见的故障主要有以下几种：一是链条跳齿，应调整两链轮在一条直线上，并清

除异物；二是地轮空转不驱动，应适量加重，调整深松犁深度；三是薯种漏播断条，应控制薯种直径，提升链条不能过松；四是种碗摩擦壳体，应调整两脚的调节丝杆使皮带位于中心位置；五是起垄过宽，应调整覆土犁铲的间距和角度。

(6) 田间管理 如发现缺苗，要及时从临穴里掰出多余的苗进行扦插补苗。扦插最好在傍晚或阴天进行，然后浇水。苗齐后及时中耕除草培土，促进根系发育，同时便于机械收获。当植株长到 20 厘米时进行第一次中耕培土，并亩追施碳酸氢铵 30 千克。现蕾时视情况而定，有必要的进行第二次中耕培土，垄高保持在 22 厘米左右，并在现蕾开花期用 0.3％的磷酸二氢钾进行叶面喷施。块茎膨大期需水量较大，若干旱及时浇水。及时采取措施防治马铃薯的晚疫病、黑胫病、环腐病和早疫病等病害，一旦发生要及时拔除病株深埋并及时喷药，以减少病害的蔓延。

(7) 适时收获 机具可选用 4UM-550D 型马铃薯挖掘收获机。当植株大部分茎叶干枯，块茎停止膨大而易从植株脱落，土壤含水率在 20％左右时，用马铃薯收获机进行田间收获作业。挖掘前 7 天割秧，留茬 5～10 厘米，使块茎在土中后熟，表皮木栓化，收获时不易破皮。为加快收获进度，提高工作效率，一般要求集中连片地块统一收获作业。挖 1 行，拾 1 行，杜绝出现漏挖、重挖现象，挖掘深度在 20 厘米以上。

马铃薯种植中容易出现哪些不良现象?

(1) 马铃薯种性退化 马铃薯经一年或数年连续无性繁殖后，出现植株逐年变小，叶片皱缩卷曲，叶片浓淡不匀，茎秆矮小细弱，块茎变形龟裂，产量逐年下降，甚至完全没有收成，这种现象叫马铃薯种性退化。种薯退化是引起产量降低和商品性差异的主要原因，传染性病毒的侵染及其在薯块内积累是马铃薯退化的直接外因，高温的影响是间接外因。在低纬度、低海拔的南方，温度高，马铃薯退化快，而在高纬度、高海拔的北方，温度低，马铃薯退化慢。马铃薯在南方夏季炎热地区春种，引起退化的直接外因是病毒为害，主要是花叶病毒、卷叶病毒、普通花叶病毒和纺锤块茎类病毒等，这些病毒通过机械摩擦、蚜虫、叶蝉或土壤线虫等媒介传播而侵染植株引起退化。马铃薯在高温下栽培，生长势衰弱，耐病力下降，而且高温下有利于病毒繁殖、侵染和在植株体内移动，因而加重了为害程度，加快了退化速度。

选用抗病力强的品种以及选用无病或脱毒种薯作播种材料是防止退化的最有效措施。因此，要注意健全良种繁育体系和制度，在高山建立留种基地，把选用良种和防毒保种结合起来，才能维持良种的生产力和延长其使用年限；秋播和晚播留种，使结薯期处于冷凉气候下，植株生长健壮，增强了抗病性，且不利于病毒的繁殖与感染，可减少退化；选择优株扩大繁殖，利用实生薯作种，生产无病毒种子、实生苗、实生薯，防止退化；还可茎尖培养无毒种薯；采用适宜的栽培措施，如选沙壤土种植，采用合理密植、高水肥、加强田间管理、防治蚜虫和适时早收等措施，促进植株健壮生长，增强抗退化能力，减少田间病毒，防止退化；贮藏中要避免薯块受高温影响或低温冻害以及失水皱缩、过早萌芽、损耗养分、病虫为害等现象，以防止种薯老衰，降低生活力，引起退化。

(2) 马铃薯品种混杂严重　品种混杂的主要原因是种薯的机械混杂。马铃薯在收获、贮运、种薯销售过程中存在着机械混杂，造成马铃薯田间长势长相不一致，影响马铃薯增产潜力的发挥。

要定期选用种薯生产部门专门生产的种薯，更替旧种薯；在收获、贮运、种薯销售等环节严格隔离；留种时必须在有隔离条件的地块单独建立留种田，在生育期中认真去杂去劣去病株，方可保证种薯的纯度，使田间不出现品种混杂的现象。

(3) 块茎畸形现象　在块茎增长期由于高温、干旱、土壤黏重等不良条件，使正在膨大的块茎生长受到抑制，暂时停止生长，后由于降雨或灌水，生长条件得到恢复，块茎随之也恢复生长，但是木栓化的周皮组织限制了块茎的继续增长，只有块茎的顶芽或尚幼嫩的部分仍然可以继续生长膨大，从而形成了各种类型的畸形块茎。常见的畸形块茎有：①块茎不规则延长，形成长形或葫芦形，一般对产量和品质影响较小；②薯块顶端或侧面长出一个子薯，呈哑铃状或长出一串小薯形成串薯，有时子薯顶芽再萌发形成三次或四次生长，这种类型对产量和品质影响较大；③块茎顶芽萌发形成枝条穿出地面，这种类型对产量和品质影响最大；④芽眼部位发生不规则突出，对产量和品质影响较小；⑤皮层或周皮发生龟裂，这种类型的二次生长，淀粉含量多不降低，有时还略有增高。

总之，不均衡的营养或水分、极端的温度以及冰雹、霜冻等灾害，都可导致块茎的二次生长而形成畸形薯。为此，在生产管理上，应尽量保持生产条件的稳定，增施有机肥料，增强土壤的保水、保肥能力；根据马铃薯不同生育阶段的需水情况，适时灌溉，保持适量的土壤水分和较低的地温；加强中耕培土，减少土壤水分蒸发；选择抗旱、不易发生二次生长的品种种植。

（4）块茎空心现象 马铃薯块茎切开后，块茎中心附近有一个空腔，腔的边缘呈角状，整个空腔呈放射的星状，空腔壁为白色或浅棕色，空腔附近淀粉含量低，煮熟吃时会感到发硬发脆，这种现象就叫空心。一般个大的块茎容易发生空心，块茎的空心主要是营养过剩造成的。在块茎生长期，突然遇到水肥过大，块茎极度快速膨大，内部营养转化再利用，逐步使中间干物质越来越少，组织被吸收，从而在中间形成了空洞。钾肥供应不足也是导致空心率增高的一个因素。

为防止马铃薯空心的发生，应选择空心发病率低的品种；适当调整密度，缩小株距，减少缺苗率，使植株营养面积均匀，保证群体结构的良好状态；加强田间管理，保持田间水肥条件平稳、均衡；配方施肥，增施钾肥。

(5) 块茎青头现象 马铃薯中经常发现变成绿色的块茎，俗称青头，这部分除表皮呈绿色外，薯肉内 2 厘米以上的地方也呈绿色，这部分绿色薯肉内含有大量茄碱（也叫马铃薯素、龙葵素），味麻辣，有毒，不能食用。由于马铃薯块茎直接生长在地下，是由匍匐茎顶端膨大形成的，如果播种较浅，长出的匍匐茎容易见光长出地面形成分枝，而块茎见光后变成青头，停止生长，从而降低薯块数量且个头变小，减低产量。

为防止青头薯出现，应做好以下几方面工作：一是在田间，严格掌握播种深度，及时中耕培土，必要时可对播种浅的地块用稻草等覆盖在植株的基部，避免块茎露出垄外见光变绿；二是在收获和运输过程中，随起收，随拣净，随覆盖或装袋，避免日光照射；三是在贮藏过程中，也要避免照明灯光长时间对块茎照射，防止块茎见光变绿。

(6) 块茎黑心现象 块茎黑心现象有两种类型，一种是病理性黑心，另一种是生理性黑心。

病理性黑心是由马铃薯黑胫病造成的，其症状是植株矮化、僵直，叶片黄化，小叶向上卷曲；发病后期，茎基部变黑腐烂，植株枯死；病株所结薯块先从匍匐茎处变黑腐烂，后向内发展使心部变黑，形成黑心。在潮湿条件下，发病很快，导致块茎整个腐烂，并伴有恶臭味。病理性黑心在田间和贮藏期均可发生。

生理性黑心主要是由于缺氧呼吸造成的，其症状表现在块茎内部，外表无症状。切开块茎后，可见中心部位变黑，有的变黑部分中空，表现为失水变硬，呈革质状，但不易腐烂，无异味。如发病严重时黑心部分可延伸到芽眼部位，薯皮局部变褐并凹陷。发生病因是贮运过程中，堆积过厚，通风不良，内部供氧不足。生理性黑心多发生在贮藏运输过程中。

对黑胫病引起的黑心，在切种薯块时，严格淘汰病薯，杜绝用病薯播种；对切到病薯的切刀要用高锰酸钾溶液浸泡消毒，避免切刀传播病原菌，提高发病率；种植抗病品种，如克新 1 号、克新 4 号、丰收白等；田间及早发现病株，拔除清理到田外销毁。对生理性黑心，要改善薯块贮运条件，散埋贮存时防止过厚，并选阴凉、通风、低温处贮存；装袋时，要避免采用不透气的塑料袋，避免强光长时间照射。

第五章

脱毒马铃薯
种薯生产技术

1. 种植马铃薯为何应选择脱毒种薯？

马铃薯种薯在栽培过程中，植株会逐年变小，表现有花叶类型、卷叶类型和束顶类型，有的表现为植株矮小、叶片失绿，有的表现为叶片卷曲坏死，有的表现为植株顶部叶片变色、卷缩；块茎变形、变小、龟裂、变尖，内部网状坏死，严重者失去发芽能力，不能作种，一般减产20％～30％，严重者减产80％以上，病情逐年加重，最后失去种用价值，发生退化。

引起马铃薯退化的主要原因是病毒病的发生、积累和蔓延。为了保持马铃薯固有的种性，提高块茎的产量和品质，要广泛使用脱毒马铃薯种薯，清除种薯内的主要病毒，恢复原品种的特性，才能防止退化，达到优质、高产和高效的目的。马铃薯在脱毒过程中也将其所感染的真菌和细菌病原物一并脱除，脱毒微型薯没有病毒、细菌和真菌病害，其生活力特别旺盛。马铃薯经脱毒后比普通马铃薯产量增加30％～50％，因此，种植马铃薯一定要选择脱毒种薯。

2. 防止马铃薯退化主要有哪些措施？

(1) 选用抗病力强的品种 选用抗病力强的品种是防止退化的有效措施。同时，要注意健全良种繁育体系和制度，在高山建立留种基地，把选用良种和防毒保种结合起来，才能维持良种的生产力和延长其使用年限。

(2) 晚播留种 秋播和晚播留种，使结薯期处于冷凉气候下，植株生长健壮，增强了抗病性，且不利于病毒的繁殖与感染，可减少退化。

(3) 去除病毒

① 选择优株扩大繁殖 在病毒感染尚不严重的田块，选择健壮优良单株，进行繁殖留种，淘汰有病的植株。

② 利用实生薯作种 马铃薯的病毒很少侵入花粉、卵和种胚，因而通过有性生殖可汰除无性世代所积累的病

毒，生产无病毒种子、实生苗、实生薯，防止退化。

③ 茎尖培养无毒种薯　茎尖分生组织培育无病毒种薯，该项技术称作茎尖脱毒技术，它已成为防治马铃薯病毒病、提高马铃薯产量最好的方法。

3. 马铃薯脱毒包括哪些操作技术？

将马铃薯茎尖进行组织培养以脱去病毒的技术，已在世界上许多国家的无病毒种薯生产上得到应用和推广，这对解决马铃薯退化问题起了很大作用。茎尖脱毒技术是将马铃薯植株或分枝或块茎上芽的顶部生长点（分生组织）剥离，应用组织培养的方法，经过 4 个月左右的培养，将茎尖培养成完整植株（小苗），这个过程就是茎尖脱毒。其操作过程为：①选择具有本品种典型特征的、并经检测确定带毒最少的若干个健壮单株，取其若干块薯块。②茎尖组织剥离。把选好的块茎进行高温处理和催芽，取 4～5 厘米长的芽若干个，经严格消毒后，放在无菌室内超净工作台的解剖镜下，剥去嫩叶，切下带 1～2 个叶原基、长度在 0.3 毫米以下的生长点，放入事先配制好培养基的试管中，一管只放一个茎尖生长点。③培养。把有茎尖组织的试管，放在培养室内培养，40 天左右后可以看出是否成活，一般成活率在 10％以内。再将成活的茎尖继续培养

4～5 个月，使其长成有 3～4 个叶的小植株。然后将其切段分置，继续培养成苗，时间需 1 个月。④病毒鉴定。繁殖的茎尖苗首先要做病毒检测，经过酶联免疫吸附法（ELISA）、化学试剂染色、指示植物接种等方法进行病毒检测，淘汰仍带有病毒的茎尖苗，保留确实无病毒的茎尖苗。剥取、培养的茎尖有几十个或几百个，经过检测最后留下的无病毒的茎尖苗只有百分之几或千分之几，淘汰的带毒苗占多数，因此，培养成活的茎尖苗在未经检测前不能认为是脱毒苗，不宜繁殖推广。只有经过检测而无病毒的茎尖苗才是真正的脱毒苗，才能用于种薯生产。⑤将脱毒苗进行切段扩繁及微型薯生产。根据将要生产的原原种数量，有计划地扩繁脱毒苗和微型薯。

4. 什么是脱毒种薯繁育体系？

马铃薯脱毒种薯繁育体系就是利用脱毒技术，在无菌环境条件下，培育出无毒试管苗，然后利用试管苗在防虫温室或网室内繁殖微型薯原原种。在人工隔离或天然隔离条件下，利用原原种繁殖一级原种和二级原种。二级原种在天然隔离条件（高纬度或高海拔冷凉地区、风速大的海岛等地）繁殖一级良种供生产中使用。把茎尖脱毒和无病毒种薯繁育结合起来，形成了一个完整的脱毒快繁供种体系：脱毒苗、试管薯（微型薯）→原原种（脱毒小薯）→一级原种→二级原种→一级良种→二级良种→农民用种。

5. 什么是马铃薯脱毒种薯？

利用脱毒苗生产的各级种薯为脱毒种薯，脱毒种薯是马铃薯快繁及种薯生产体系中，各种级别种薯的通称。由于目前微型薯原原种的生产成本较高，还不能直接用于生产，必须经三年以上繁殖才能用于生产，加之繁种过程中需对病虫害加以防治，以保证种薯的质量，所以生产中需年年更换种薯，确保生产田年年保持较高的产量。马铃薯脱毒试管薯（微型薯）质量一般很小，外观与绿豆或黄豆一样大小，在实验室条件下可以周年繁殖，与脱毒试管苗相比，更易于运输和栽插成活。脱毒小薯是采用马铃薯脱毒试管苗或试管薯在防虫网隔离条件下直接生产的种薯，种薯质量为 2~20 克之间。

6. 马铃薯种薯可分为哪几个级别？

2012 年重新修改和发布的国家标准 GB 18133—2012 中规定了我国的马铃薯种薯级别为：原原种、原种、一级种和二级种等 4 个级别。

(1) 原原种　用育种家种子、脱毒组培苗或试管薯在防虫网、温室等隔离条件下生产，经质量检测达到质量要求的、用于原种生产的种薯。

(2) 原种　用原原种作种薯，在良好隔离环境中生产的、经质量检测达到质量要求的、用于生产一级种的种薯。

(3) 一级种　在相对隔离环境中，用原种作种薯生产的、经质量检测后达到质量要求的、用于生产二级种的种薯。

(4) 二级种　在相对隔离环境中，由一级种作种薯生产的、经质量检测后达到质量要求的、用于生产商品薯的种薯。

7. 各级脱毒种薯是怎样生产的？

脱毒苗是各级种薯生产的基础。脱毒苗已把各种病毒脱净，在脱毒种薯继代扩繁过程中，还必须采取各种有效方法，防止病毒的再侵染。

(1) 脱毒原原种生产　在气温相对较低的地方建造温室或防虫网棚，用脱毒苗和微型种薯作繁殖材料，进行脱毒原原种生产。生产中要严格去杂、去劣、去病株，这样生产出的块茎，叫脱毒原原种，按代数称当代。

（2）**脱毒原种生产** 选高海拔、高纬度、低温度和风速大的地域作为隔离区，应与毒源作物有一定距离，使传毒媒介相对少一些，并由于风速大而使传毒媒介落不下，同时定期喷洒杀虫药剂。用原原种作繁殖材料，并严格去杂、去劣、去病株。这样生产出来的块茎，叫作脱毒原种，按代数算是一代。原原种、原种称为基础种薯。

（3）**脱毒一级种薯生产** 在海拔和纬度相对较高、风速较大、气候冷凉、与毒源作物有隔离条件、传毒媒介少的地方，用原种作繁殖材料，进行种薯生产。在生长季节打药防蚜，去杂、去劣、去病株。这样生产出来的块茎，叫作脱毒一级种薯，按代数算是二代。

（4）**脱毒二、三级种薯生产** 在地势较高、风速较大、比较冷凉、有一定隔离条件的地块，用脱毒一级种薯或二级种薯作繁殖材料，进行种薯生产。在生产中要及时灭蚜，去杂、去劣、去病株。这样生产出来的块茎，叫作脱毒二级种薯或脱毒三级种薯，按代数算分别是三代和四代。以上三个级别的种薯为合格种薯、二级种薯、三级种薯，可直接用于大田商品薯生产，所生产出的块茎不能再当种薯应用。

目前由于组织培养所需的设备、药品及设施价格昂贵，利用试管苗剪顶扦插在基质中快繁微型薯原原种，虽可降低成本，但直接用于生产农民仍觉承受不起。此外，由于生产需用的种薯数量大，必须用微型薯原原种在防止病毒和其他病原菌再侵染的条件下，建立良种繁育体系，为生产提供健康种薯。

8. 如何选择原种繁殖基地？

马铃薯种薯从原原种到生产所需的良种，一般需要3～4年的时间。因此原种繁育基地的选择至关重要，直接关系到几代扩繁的种薯质量。原种繁殖基地应该具备以下几个条件：高纬度、高海拔、风速大、气候凉。这几个条件必须具备，才能避免病毒的再侵染。传播马铃薯病毒的主要媒介是蚜虫，蚜虫最远取食浮动气温为23～25℃，15℃以下的气温蚜虫起飞困难。因此，冷凉气候不适于蚜虫的繁殖和取食活动。但冷凉气候极适于马铃薯块茎的膨大。地势高、风速大的空旷地，能阻碍蚜虫的降落聚集。原种繁殖基地方圆10千米的范围不能有马铃薯生产田或其他马铃薯病毒的寄主植物，如茄科作物。此外原种繁殖基地应严格实行轮作，一般轮作周期应三年以上。原种繁殖基地土壤肥力应较高，最好有灌溉条件，确保较高的繁殖系数。要有一定的技术力量，实施防止病毒和其他病原菌再侵染的技术措施及高产栽培技术措施。

9. 防止病毒再侵染包括哪些措施?

防止病毒再侵染的技术措施包括种薯催壮芽播种、地膜覆盖早播促早熟、合理施肥等促进植株成龄抗性形成的早熟栽培技术。此外要进行田检,及时拔除病株。包括清除地上部植株和地下部的母薯及新生块茎,拿到远离农田处深埋。操作人员应有专用工作服和鞋袜,手要及时用肥皂水消毒后再触摸植株。

由于病毒从侵染植株地上部开始到传输至块茎需一段时间,因此采取早收留种也是防止病毒再侵染的技术措施。在有翅蚜虫迁飞盛期到来之后的 10 天内,应对种薯田的植株采取灭秧措施,一方面有利于生产健康种薯,另一方面有利于种薯在土壤里表皮木栓化,收获时不易破皮。由于早收留种产量会受到影响,可以采取早熟栽培措施,或者密植增加群体量来提高种薯产量。

10. 二季作区春繁种薯有何优点?

在中原二季作区,利用大棚或阳畦将播种期提早到 1 月下旬至 2 月上旬,种薯提早 1 个月催大芽,密度每亩 1 万株以上,大约 4 月底至 5 月初收获。此时蚜虫尚未进入迁飞盛期，马铃薯植株基本没有受到蚜虫的侵袭，免受了病毒的感染。另外，马铃薯结薯期处于早春冷凉气候段，有利于种薯的生长，产量也高于正常春播。

11. 二季作区秋繁种薯有何优点？

秋繁种薯的播期推迟，在马铃薯出苗时蚜虫已基本没有了。马铃薯结薯期气温较低，有利于薯块膨大。秋季气温逐渐下降，在霜降到来之前马铃薯生育时间较短，繁殖的种薯基本上在生理年龄上属于壮龄薯，种性好，生长势强。虽然秋繁种薯因生育时间短而产量低，但由于晚播晚收种性好，所以在二季作区仍是一个重要的良种繁育环节。

12. 在各级种薯繁育过程中，对病害应采用哪些防治措施？

马铃薯从种薯切块、催芽到收获、运输、贮藏各个环节都有可能受到多种真菌和细菌的侵染。有导致块茎腐烂或降低块茎发芽力的病害，如晚疫病、环腐病、干腐病等。有导致叶片局部病斑，减少光合面积，甚至造成茎叶早枯，降低产量的病害，如早疫病和晚疫病。有为害输导组织引起植株萎蔫的病害，如青枯病、环腐病等。这些病害都直接影响着种薯的质量。在各级种薯繁育过程中，对病害应采用综合防治的措施：①无论是原原种、原种还是良种，均应在无病区或无病田进行繁殖，从源头上解决病原菌的侵入问题，保证在种薯繁殖过程中种源是无病种薯。②种薯繁殖田必须与非茄科作物实行 3 年以上的轮作。③马铃薯种薯繁殖田应与马铃薯生产田远离，距离应在 10 千米以上，避免病原菌侵入繁种田。④在马铃薯生长季节，避开高温多雨期。因此北方一季作区繁种，应适当提早播种，采取促早熟栽培方法，在病害高发期之前收获。⑤在收获、运输及贮藏过程中，避免种薯受到机械损伤，以防病原菌从伤口侵入块茎内部。

13. 购买优质脱毒种薯应注意哪些问题？

种植马铃薯成败的关键主要在种薯质量，目前最理想的是优质脱毒原种一代种薯。一般优质脱毒原种一代种薯的产量比脱毒原种二代增加 50%，比脱毒原种三代增加 100%。然而优质脱毒原种一代种薯与脱毒原种二代、三代种薯及商品薯，在外观上没有明显差别，难以区分。如何才能买到优质脱毒原种一代种薯，事关重大。为保证种薯质量，种植户应提早向有主要农作物种子经营许可证、信誉好的企业下订单，以避免临种植时买不到优质种薯，而造成不必要的损失。

为保证种薯质量和防止病虫害，种薯生产及贮运过程中应实行种薯检验及检疫制度。根据不同种薯的特性，规定贮存方法，严防伪劣种薯交易与传播。

(1) 包装　每一包装上应标明产品名称、产品的标准编号、商标、生产单位（或企业）名称、详细地址、产地、规格、净含量和包装日期等，标志上的字迹应清晰，完整准确。用于马铃薯种薯包装的编织袋应按产品的品种、规格分别包装，同一件包装内的产品需摆放整齐紧密。

(2) 运输　运输过程注意防冻、防雨淋、防晒、通风散热、轻拿轻放。

(3) 贮存　按品种、规格分别贮存，温度1～4℃，空气相对湿度保持在60％～80％。库内堆码应保证气流均匀流通。种薯贮藏窖应通风、干燥、避光，具有防鼠、防虫设施，要定期抽查，防止腐烂、虫害等现象发生。

(4) 质量管理　马铃薯种薯的生产、加工、包装、检验、贮藏和标签标注等过程应严格执行现有的国家标准或行业标准或地方标准。

第六章

马铃薯病虫害
识别与防治技术

1. 如何识别马铃薯晚疫病？防治方法是什么？

马铃薯晚疫病是一种真菌类病害，目前已成为马铃薯非常普遍的世界性的病害，几乎所有种植马铃薯的地区都有晚疫病的发生。不抗病的品种在晚疫病流行时，田间产量损失可达 20%～50%，窖藏损失轻者 5%～10%，重者在 30% 以上，甚至会造成减产 70%～80% 的严重损失，尤其是在马铃薯二季栽培地区，适合栽培的大部分为早熟品种，早熟品种对晚疫病的抗性较弱，一旦发生，往往会造成大面积损失。晚疫病不但为害马铃薯，还常为害番茄、青椒、茄子等。

（1）病害症状　晚疫病主要为害马铃薯叶、茎和薯块。首先在叶尖、叶缘出现水浸状褐色斑点，典型症状是感病叶面有黄褐色或黑色病斑，病斑外围有黄绿色症状。湿度大的早晨和雨天病斑很快扩大，使叶面呈水浸状青枯，叶背有白霉。块茎感染病菌，呈褐色或黑色大块硬斑，微凹陷，感染晚疫病的薯块在贮藏期间，普遍都会发生腐烂。

（2）传病途径和发病条件　晚疫病在温度较低、湿度较大的条件下容易发生，当空气相对湿度超过85％，温度在18～25℃时，最易流行晚疫病。病菌发育的适宜温度为24℃，最高温度为30℃，最低温度为10℃。游动孢子生长的最适温度为12～13℃，最高温度为25℃，最低温度为2℃。二季作区秋季较易发生晚疫病，但近几年气候反常，春季发生晚疫病的情况也较为普遍。菌丝可在块茎中越冬，为活物寄生，土壤一般不会传病。马铃薯块茎是晚疫病传播的重要途径，带菌块茎一旦遇到合适的条件，易形成中心病株，造成蔓延的可能。

（3）防治方法　晚疫病是一种破坏性很强的病害，一旦发生并开始蔓延，就很难控制，因此马铃薯晚疫病的防治要遵循以"防"为主的原则。

① 选用抗病品种　种植抗病品种是最好的防病办法。主要抗病品种，南方各地多用米拉、万芋9号等品种；北方用春薯1号、克新2号、晋薯5号等。

② 精选种薯，淘汰病薯　在种薯收获、贮藏、切块、催芽等每个环节，都要精选薯块，淘汰病薯，以切断病源。

③ 加厚培土层　田间晚疫病病菌孢子侵入块茎，主要是通过雨水或灌水把植株上落下的病菌孢子随水带到块茎上造成的。在种植不抗晚疫病的品种时，尤其是块茎不抗病的，要注意加厚培土，使病菌不易进入土壤深处，以降低块茎发病率。

④ 割秧防病　如果地上部植株感染晚疫病，在收获前收割病秧并清理出地块，地块暴晒两天后选择晴天收获，防止薯块与病菌接触。作为留种的地块更应及早割秧，尽量防止病菌孢子侵入块茎，以免后患。

⑤ 药剂防治　马铃薯晚疫病只能预防，不能治疗，因此在晚疫病多发季节定期喷药保护能取得显著的防病效果。发现中心病株应及时清除，发病初期喷洒 58% 甲霜灵·锰锌可湿性粉剂 600~800 倍液，或 64% 噁霜灵·锰锌（杀毒矾）可湿性粉剂 500 倍液，或 72.2% 霜霉威（普力克）水剂 800 倍液，或 3% 多抗霉素可湿性粉剂 300 倍液，每 10 天左右喷 1 次，连喷 2~3 次，交替使用药剂，即可控制病害发展。马铃薯在生长期初期，要及时喷洒防晚疫病的保护性药剂，主要保护性药剂有：77% 硫酸铜钙，每亩每次用药量为 80~100 克；或用等量式波尔多液喷施防治，即 500 克硫酸铜、500 克生石灰、50 升水配成

波尔多液；或喷施 50％克菌丹可湿性粉剂，每亩每次用药量为 80～100 克，在发病时喷施也可收到较好效果。应当特别注意的是，因为晚疫病的孢子囊产生于马铃薯叶背，因此在晚疫病已有发生，喷施药剂时，在喷叶面的同时，对叶背及地面也要进行药剂喷施，这样才能达到全面防治和控制大面积流行的效果。

2. 如何识别马铃薯早疫病？防治方法是什么？

早疫病在各栽培地区均有发生，北京、河北、山西等地海拔较高的地区发生严重，一般会导致减产 15％～30％。

（1）病害症状 早疫病菌可侵染马铃薯的叶片、叶柄、茎、匍匐茎、块茎和浆果，常在叶片上发生。早疫病在田间最先发生在植株下部较老的叶片上，发病初期叶片上出现褐黑色水浸状小斑点，然后病斑逐渐扩大，形成同心轮纹并干枯。病斑多为圆形或卵圆形，由于叶脉的限制，有时呈多角形。严重时病斑相连，整个叶片干枯，通常不落叶，在叶片上产生黑色绒霉。块茎感病呈褐黑色，有凹陷的圆形或不规则的病斑，病斑下面的薯肉呈褐色干腐。

（2）传病途径和发病条件 病原菌主要在病株残体、土壤、病薯或其他茄科寄主植物上越冬。在马铃薯生长季节，病菌孢子可通过气流、雨水或昆虫传播，病菌孢子可通过表面侵入叶片。在生长早期，初次侵染，发生在较老的叶片上。

（3）防治方法 ①选用早熟抗病品种，适时提早收获。②实行轮作倒茬，选择土壤肥沃的高燥田块种植，增施有机肥，提高寄主抗病力。及时清理田块，将马铃薯残枝败叶清出地外掩埋，以减少侵染菌源，延缓发病时间。③药剂防治。发病初期或发病前喷施70％甲基硫菌灵（甲基托布津）可湿性粉剂1000倍液，或50％多菌灵可湿性粉剂500倍液，或70％代森锰锌可湿性粉剂500倍液，或64％噁霜灵·锰锌可湿性粉剂500倍液，隔7～10天喷1次，连续防治2～3次。

③. **如何识别马铃薯青枯病？防治方法是什么？**

青枯病是一种世界性病害，尤其在温暖潮湿、雨水充沛的热带或亚热带地区更为严重。在长城以南大部分地区都可发生青枯病，黄河以南、长江流域地区青枯病最重，发病重的地块产量损失达80％左右，已成为毁灭性病害。青枯病最难控制，既无免疫抗原，又可经土壤传病，需要采取综合防治措施才能收效。

（1）病害症状 在马铃薯整个生育期均可发生。植株发病时一个主茎或一个分枝出现急性萎蔫青枯，其他茎叶暂时照常生长，几日后，又同样出现上述症状以致全株逐步枯死。发病植株茎秆基部维管束变黄褐色。若将一段病茎的一端直立浸于盛有清水的玻璃杯中，静置数分钟后，可见到在水中的茎端有乳白色菌脓流出，此方法可对青枯病进行确定。块茎被侵染后，芽眼会出现灰褐色，患病重的切开后可以见到环状腐烂组织。

（2）传病途径和发病条件　青枯病主要通过带病块茎、寄生植物和土壤传病。播种时有病块茎可通过切块的切刀传给健康块茎。种植的病薯在植株生长过程中根系互相接触，也可通过根部传病。中耕除草、浇水过程中土壤中的病菌可通过流水、污染的农具以及鞋上黏附的带病菌土传病。杂草带病也可传染马铃薯等。但种薯传病是最主要的，特别是潜伏状态的病薯，在低温条件下不表现任何症状，在温度适宜时才出现症状。病菌繁殖最适宜的温度为 30℃，田间土温 14℃ 以上，日平均气温 20℃ 以上时植株即可发病，而且高温、高湿对青枯病发展有利。病菌在土壤中可存活 14 个月以上，甚至许多年。

（3）防治方法　①选用抗病品种。对青枯病无免疫抗原材料，选育的抗病品种只是相对的病害较轻，比易感病品种损失较小，所以仍有利用价值。主要抗病品种有阿奎拉、怀薯 6 号、鄂 783-1 等。②利用无病种薯。在南方疫区所有的品种都或多或少感病，若不用无病种薯更替，病害会逐年加重，后患无穷。所以应在高纬度地区，建立种薯繁育基地，培育健康无病种薯，利用脱毒的试管苗生产种薯，供应各地生产上用种，当地不留种，过几年即可达到防治目的。此方法虽然人力物力花费大些，但却是一项最有效的措施。③采取整薯播种，减少种薯间病菌传播。实行轮作，消灭田间杂草，浅松土，锄草尽量不伤及根部，减少根系传病机会等。④禁止从病区调种，防止病害扩大蔓延。⑤药剂防治。发病初期可用农用链霉素5000倍液，或50％氯溴异氰尿酸可溶性粉剂1200倍液，或铜制剂灌根，每7～10天施药一次，连施2～3次，具有一定效果。

4. 如何识别马铃薯环腐病？防治方法是什么？

环腐病在全国各地均有发现，北方比较普遍，发病严重的地块可减产30％～60％。收获后贮藏期间如有病薯存在，常造成块茎大量腐烂，甚至烂窖。

(1) 病害症状　病菌主要在植株和块茎的维管束中发展，使组织腐烂。一般在开花前后开始表现症状，茎缩短，叶色褐黄凋萎，叶脉间变黄，产生黄褐色斑块，叶缘略向上卷曲。块茎发病时，沿维管束进入维管束环，严重时薯肉一圈腐烂，呈棕红色，用手指挤压，则薯肉和皮层分离。但芽眼并不首先受害，这也是与青枯病的不同之处。

（2）传病途径和发病条件　环腐病主要是种薯带菌传播，带菌种薯是初侵染来源，切块是传播的主要途径，病菌还可由运输工具（如草袋、筐和机具）带病菌后传播给健康块茎，但土壤并不传病。环腐病菌生长最适温度是20～23℃，而田间发病的适宜温度是18～20℃，土壤温度超过31℃，病害受抑制。

（3）防治方法　①选用抗病品种，如克新1号、高原4号等。②实行轮作，发现病株要及时消除，并注意防治地下害虫。③建立种薯田。利用脱毒苗生产无病种薯和小型种薯。实行整薯播种，尽量不用切块播种。④播种前淘汰病薯。出窖、催芽、切块过程中发现病薯及时清除。切块的切刀用酒精或火焰消毒，杜绝种薯带病是最有效的防治方法。⑤严禁从病区调种，防止病害扩大蔓延。⑥药剂防治。田间发生病害可喷洒72%农用链霉素4000倍液，或2%春雷霉素可湿性粉剂500倍液，或77%氢氧化铜（可杀得）可湿性微粒粉剂500倍液，或25%络氨铜水剂300倍液。

5. **如何识别马铃薯黑胫病？防治方法是什么？**

黑胫病在北方和西北地区较为普遍。植株发病率，轻者占 2%～5%，重的可达 50%左右。病重的块茎播种后未出苗即烂掉，有的幼苗出土后病害发展到茎部，也很快死亡，所以常造成缺苗断垄。

(1) 病害症状 被侵染植株的茎基部呈黑色腐烂状并部分伴有臭味，此病可以发生在植株生长的任何阶段。如发芽期被侵染，有可能在出苗前就死亡，造成缺苗；在生长期被侵染，叶片褪绿变黄，小叶边缘向上卷，植株僵直萎蔫，基部变黑，非常容易被拔出，以后慢慢枯死。最明显症状是茎基发黑，直到与母薯相连接的部位，并很快软化腐烂，极易被拔出土面。纵剖病株，可见维管束明显变褐。一般重病株所结的薯，在收获前已在田里腐烂，并发出恶臭气味。

(2) 传病途径和发病条件 主要通过带病的种薯传病，病菌可由切刀传病，也可从块茎皮孔侵入组织后发病。病株结的块茎，病菌从匍匐茎进入块茎，并首先在脐部组织发生腐烂，而后延伸使整个块茎腐烂。土壤湿度大、温度高时，植株大量发病。在土壤湿度小时，发芽生长的植株不会马上发病，而在土壤湿度大时即出现病症。病菌在 15～25℃都能致病，病菌发育的适温为 23～27℃。

(3) 防治方法 以农业防治为主。①选用抗病耐病品种，如克新 4 号、克新 1 号、高原 7 号等。②适当增加氮肥，合理灌水。一旦发现病株，立即拔除。清除田间马铃薯病残体，杜绝侵染源。选排水条件好的土地种植马铃薯，防止土壤积水或湿度大，导致病害发展。③建立无病留种地，生产无病种薯。④种薯播种前进行严格检查，并在催芽时淘汰病薯。⑤收获、运输、装卸过程中防止薯皮擦伤。贮藏前使块茎表皮干燥，贮藏期间注意通风，防止薯块表面水湿。⑥药剂防治。用 0.01%～0.05% 的溴硝丙二醇溶液浸种 15～20 分钟，或用 0.05%～0.1% 春雷霉素溶液浸种 30 分钟，或用 0.2% 高锰酸钾溶液浸种 20～30 分钟，而后取出晾干播种，具有较好的预防效果。

6. 如何识别马铃薯疮痂病？防治方法是什么？

在北方二季作地区的秋季马铃薯为害特别严重。不抗病的品种，秋播时几乎每个块茎都感染疮痂病，有的块茎表皮全部被病菌侵染，致使外貌和品质受到严重影响。

(1) 病害症状 马铃薯疮痂病是一种细菌病害。疮痂病主要为害块茎，病菌从薯块皮孔及伤口侵入，开始在薯块表面生褐色小斑点，以后扩大或合并成褐色病斑。病斑中央凹入，边缘木栓化凸起，表面显著粗糙，呈疮痂状。病斑虽然仅限于皮层，但病薯不耐贮藏，影响外观，商品价格下降，经济损失严重。

(2) 传病途径和发病条件 秋季播种早、土壤碱性、施不腐熟的有机肥料、结薯初期土壤干旱及高温等，发病严重。放线菌在含石灰质土壤中特别多，在高温干旱条件下于这类土壤中种植不抗疮痂病的品种，往往发病严重。病菌发育最适温度为 25～30℃，土壤温度 21～24℃时，病害最为严重。低温、高湿和酸性土壤对病菌有抑制作用。

（3）防治方法 ①选用高抗疮痂病的品种。②在块茎生长期间，保持土壤湿度，特别是秋马铃薯薯块膨大期保持土壤湿润，防止干旱。秋季适当晚播，使马铃薯结薯初期避过高温。秋季马铃薯块茎膨大初期，小水勤浇，保持土壤湿润，降低地温。③实行轮作倒茬，在易感疮痂病的甜菜地块以及碱性地块上不种植马铃薯。④施用有机肥料，要充分腐熟。种植马铃薯的地块上，应避免施用石灰。秋季用 1.5～2 千克硫黄粉撒施后翻地进行土壤消毒，播种开沟时每亩再用 1.5 千克硫黄粉沟施消毒。⑤药剂防治。可用 0.2％的福尔马林溶液，在播种前浸种 2 小时，或用对苯二酚 100 克，加水 100 升配成 0.1％的溶液，于播种前浸种 30 分钟，而后取出晾干播种。为保证药效，在浸种前需清理块茎上的泥土。农用链霉素、新植霉素、春雷霉素、氢氧化铜等药剂对病菌也有一定的杀灭作用。

7. **如何识别马铃薯粉痂病？防治方法是什么？**

粉痂病是真菌性病害，在南方一些地区常造成不同程度的产量损失。患粉痂病的植株生长势差，产量急剧下降。受害的块茎后期和疮痂病相似，块茎外形受到严重影响，降低商品价值，而且患病块茎不易贮藏。

（1）病害症状　主要发生于块茎、匍匐茎和根上。块茎染病初在表皮上出现针头大的褐色小斑，外围有半透明的晕环，而后小斑逐渐隆起、膨大，成为直径 3～5 毫米不等的疱斑，其表皮尚未破裂，为粉痂的"封闭疱"阶段。后随病情的发展，疱斑表皮破裂、皮卷，皮下组织呈橘红色，散出大量深褐色粉状物（孢子囊球），疱斑下陷，外围有晕环，为粉痂的"开放疱"阶段。根部染病，于根的一侧长出豆粒大小单生或聚生的瘤状物。

（2）传病途径和发病条件　病菌以休眠孢子囊球在种薯内或随病残物遗落在土壤中越冬，病薯和病土成为翌年的初侵染源。病害的远距离传播靠种薯的调运，田间近距离的传播则靠病土、病肥、灌溉水等。休眠孢子囊在土中可存活 4～5 年，当条件适宜时，萌发产生游动孢子，游动孢子静止后成为变形体，从根毛、皮孔或伤口侵入寄主，变形体在寄主细胞内发育，分裂为多核的原生质团，到生长后期，原生质团又分化为单核的休眠孢子囊，并集结为海绵状的休眠孢子囊球，充满寄主细胞内。病组织崩解后，休眠孢子囊球又落入土中越冬或越夏。土壤湿度 90％左右，土温 18～20℃适于病菌的发育，因而发病也重。一般雨量多、夏季较凉爽的年份易发病。在马铃薯结薯期间阴雨连绵，土壤湿度大，最易发病。

（3）防治方法 ①选用无病种薯，把好收获、贮藏、播种关，汰除病薯，必要时可用50％烯酰吗啉可湿性粉剂或70％代森锌可湿性粉剂或2％盐酸溶液或40％福尔马林200倍液浸种5分钟，或用40％福尔马林200倍液将种薯浸湿，再用塑料布盖严闷2小时，晾干播种。或在播种穴中施用适量的豆饼，对粉痂病有较好的防治效果。②实行轮作，发生粉痂病的地块5年后才能种植马铃薯。③履行检疫制度，严禁从疫区调种。④增施基肥或磷钾肥，多施石灰或草木灰，改变土壤酸碱度。加强田间管理，采用起垄栽培，避免大水漫灌，防止病菌传播蔓延。⑤药剂防治，见疮痂病。

8. 如何识别马铃薯癌肿病？防治方法是什么？

癌肿病是一种真菌性病害。不抗病的品种感染癌肿病，可造成毁灭性的损失，发病轻的减产30％左右，重的减产90％，甚至绝收。感病块茎品质变劣，无法食用，完全失去利用价值，而且块茎感病后易于腐烂。这种病还侵染番茄、龙葵等，病菌可在土壤中潜存很多年，很难防治。

（1）病害症状 癌肿病主要为害块茎和匍匐茎，病重时，也可发展到地上茎，但茎叶发病较少。患病的块茎和匍匐茎组织发生畸变，形成大小不同的、形似花椰菜的瘤状物，初期为白色，后期变黑。发展到地上茎的肿瘤，在光照下初期为绿色，后期呈暗棕色。多数瘤状物在芽眼附近先发生，逐渐扩大到整个块茎，最后类似肉质的瘤状物分散成烂泥状，黏液有恶臭味，可严重污染土壤。

（2）传病途径和发病条件　一旦种植的马铃薯在田间发病，病菌孢子很难从土壤中消失。癌肿病病菌孢子在土壤中潜伏 20 年仍有生活力。除马铃薯块茎可以带病传播外，农具和人、畜带的有菌土壤，都可能传播，病薯块和薯秧也常混入肥料中致使厩肥传病等。癌肿病病菌的休眠孢子抗逆性特别强，在 80℃ 高温下能忍耐 20 小时，在 100℃ 的水中能活 10 分钟左右。孢子侵入块茎的温度为 3.5～24℃，最适温度为 15℃。在土壤湿度为最大持水量的 70%～90% 时，地下部发病最严重；土壤干燥时发病轻。

（3）防治方法　①选用抗病品种，如米拉、费乌瑞它等。②对疫区进行严格封锁，该地区的马铃薯禁止外运，以防病害蔓延。③利用脱毒茎尖苗，快繁高度抗病品种，尽快更替不抗病的品种。

9. **如何识别马铃薯病毒病？防治方法是什么？**

病毒病在各地普遍发生，发病后主要表现为花叶病和卷叶病两种。

(1) 病害症状和传病途径 花叶病的主要病毒在小叶的叶脉间，叶肉组织出现黄绿相间的嵌斑，或在叶脉间出现不规则的深绿和浅绿相间的病斑，叶面粗缩，叶肉绿色部分色深，叶脉下陷，严重时叶缘呈波状。一般患病植株减产 10% 左右，重病株可减产 50% 左右。卷叶病毒病的典型症状是植株下部的叶片卷曲，叶组织变脆发硬，病重时叶片卷成筒状。患病块茎内部常出现网状褐色坏死斑驳。因品种不同减产不等，一般减产 40%~70%。接触或蚜虫均可传毒，蚜虫是传播病毒的主要媒介。

(2) 防治方法

① 选用抗病品种 在条斑花叶、普通花叶和卷叶发生严重的二季作区选用郑薯 5 号、郑薯 6 号、费乌瑞它、中薯 3 号等。

② 推广利用脱毒薯 建立脱毒薯繁育基地，通过检测淘汰病薯，生产上通过二季栽培留种。利用茎尖脱毒苗生产种薯，因地制宜地实行留种和保种措施，防止蚜虫传毒和各种条件下的机械传毒，建立良种繁殖体系。

③ 加强栽培管理 加大行距，缩小株距，高垄深沟栽培，施足基肥，增施磷、钾肥，合理灌水，及时拔除病株，减轻发病。

④ 防治蚜虫 调整播种期、收获期。春季早播、早收，秋季适当晚播，避开蚜虫迁飞高峰，减轻蚜虫为害传

播，躲过高温影响。马铃薯出苗后，立即喷药防治蚜虫。

⑤ 整薯播种　种薯田应采用整薯播种，杜绝部分病毒及其他病害借切刀传播。

⑥ 药剂防治　用 1.5％的植病灵 1000 倍液加 20％的病毒 A 600 倍液，或 5％菌素清可湿性粉剂 500 倍液喷雾，每隔 7 天喷 1 次，连喷 3～4 次，防病效果较好。

10. **如何识别马铃薯干腐病？防治方法是什么？**

马铃薯干腐病为真菌性病害，是马铃薯贮藏期的重要病害，发生普遍，损失 10％～20％，严重时达 30％以上，主要在贮藏期间为害，也可在播种块茎时侵染。

(1) 病害症状和传病途径　受害块茎发病初期仅局部变褐稍凹陷，扩大后病部出现很多褶皱，呈同心轮纹状，其上有时长出灰白色的绒状颗粒，剖开病薯可见空心，空腔内长满菌丝，薯内则变为深褐色或灰褐色，终致整个块茎僵缩或呈干腐状，不能食用。干腐病病菌主要在土壤中越冬，通常在土壤中可存活几年。在种薯表面繁殖存活的病菌可成为主要的侵染来源，条件适宜时，病菌经伤口或芽眼侵入，又经操作或贮存薯块的容器及工具污染传播、扩大为害范围，被侵染的种薯和芽块腐烂，又可污染土壤，以后又附在被收获的块茎上或在土壤中越冬。病害在

5～30℃温度范围内均可发生，以 15～20℃为适宜，较低的温度，加上较高的相对湿度，不利于伤口愈合，会使病害迅速发展。在块茎收获时干腐病通常表现为耐病，但贮藏期间感病性提高，早春种植时达到高峰。播种时土壤过湿易于发病，收获期间造成伤口多则易受侵染，不同马铃薯品种间也存在抗性差异。干腐病发生特点：病原在 5～30℃条件下均能生长，贮藏条件差，通风不良利于发病。

（2）防治方法 生长后期注意排水，收获时避免伤口，收获后充分晾干再入库，严防碰伤。贮藏期间保持通风干燥，避免雨淋，温度以 1～4℃为宜，发现病烂块茎随时清除。

11. 如何识别马铃薯软腐病？防治方法是什么？

马铃薯软腐病主要在生长后期、贮藏期对薯块为害严重，主要为害叶、茎及块茎。

（1）病害症状和传病途径 受害块茎初期在表皮上显现水浸状小斑点，以后迅速扩大，并向内部扩展，呈现多水的软腐状，腐烂组织变褐色至深咖啡色，组织内的菌丝体开始为白色，后期变为暗褐色。湿度大时，病薯表面形成浓密、浅灰色的絮状菌丝体，以后变灰黑色，间杂很多黑色小球状物（孢子囊）。后期腐烂组织形成隐约的环状，湿度较小时，可形成干腐状。块茎染病多从皮层伤口引起，开始呈水浸状，以后薯块组织崩解，发出恶臭。在30℃以上时往往溢出多泡状黏稠液，腐烂中若温、湿度不适宜则病斑干燥，扩展缓慢或停止，在有的品种上病斑外围常有一变褐环带。病原菌在病残体上或土壤中越冬，经伤口或自然裂口侵入，借雨水飞溅或昆虫传播蔓延。病原细菌潜伏在薯块的皮孔内及表皮上，遇高温、高湿、缺氧，尤其是薯块表面有薄膜水，薯块伤口愈合受阻，病原细菌即大量繁殖，在薯块薄壁细胞间隙中扩展，同时分泌果胶酶降解细胞中胶层，引起软腐，腐烂组织在冷凝水传播下侵染其他薯块，导致成堆腐烂。在土壤、病残体及其他寄主上越冬的软腐细菌在种薯发芽及植株生长过程中可经伤口、幼根等处侵入薯块或植株。

（2）防治方法　收获时避免造成机械伤口，入库前剔除伤、病薯，用0.05％硫酸铜液剂或0.2％漂白粉液洗涤或浸泡薯块可以杀灭潜伏在皮孔及表皮的病菌。贮藏中早期温度控制在13～15℃，经2周促进伤口愈合，以后在5～10℃通风条件下贮藏。

⑫ 蚜虫的为害特点和防治方法是什么？

蚜虫是马铃薯苗期和生长期的主要害虫，不仅吸取液汁为害植株，还是重要的病毒传播者。

（1）为害症状和生活习性 在马铃薯生长期蚜虫常群集在嫩叶的背面吸取液汁，造成叶片变形、皱缩，使顶部幼芽和分枝生长受到严重影响。蚜虫繁殖速度快，每年可发生 10～20 代。幼嫩的叶片和花蕾都是蚜虫密集为害的部位。而且桃蚜还是传播病毒的主要害虫，对种薯生产常造成威胁。有翅蚜一般在 4～5 月份飞迁，温度 25℃左右时发育最快，温度高于 30℃或低于 6℃时，蚜虫数量都会减少。桃蚜一般在秋末时，有翅蚜又飞回第一寄主桃树上产卵，并以卵越冬。春季卵孵化后再以有翅蚜飞迁至第二寄主为害。

（2）防治方法 ①生产种薯选取高海拔冷凉地区作基地，或于风大蚜虫不易降落的地点种植马铃薯，以防蚜虫传毒。或根据有翅蚜飞迁规律，采用种薯早收的方法，躲过蚜虫高峰期，以保种薯质量。②药剂防治。发生初期用 50％抗蚜威可湿性粉剂 2000～3000 倍液，或 0.3％苦参素杀虫剂 1000 倍液，或烟碱楝素乳油 1000 倍液，或 10％吡虫啉可湿性粉剂 2000 倍液，或 2.5％溴氰菊酯乳油 2000～3000 倍液，或 20％氰戊菊酯乳油 3000～5000 倍液，或 10％氯氰菊酯乳油 2000～4000 倍液，或 3％啶虫脒乳油 800 倍液，或乙酰甲胺磷 2000 倍液，或 40％乐果乳剂 1000～2000 倍液等药剂交替喷雾，效果较好。

二十八星瓢虫的为害特点和防治方法是什么？

　　(1) 为害症状和生活习性　二十八星瓢虫成虫为红褐色带 28 个黑点的甲虫，幼虫为黄褐色，身有黑色刺毛，躯体扁椭圆形，行动迅速，专食叶肉。幼虫咬食叶背面叶肉，将马铃薯叶片咬成网状，使被害部位只剩叶脉，形成透明的网状细纹，叶子很快枯黄，光合作用受到严重影响，使植株逐渐枯死。每年可繁殖 2～3 代。以成虫在草丛、石缝、土块下越冬。每年 3～4 月份天气转暖时即飞出活动。6～7 月份马铃薯生长旺季在植株上产卵，幼虫孵化后即严重为害马铃薯。成虫一般在马铃薯或枸杞的叶背面产卵，每次产卵 10～20 粒。产卵期可延续 1～2 个月，1 个雌虫可产卵 300～400 粒。孵化的幼虫 4 龄后食量增大，为害最重。

　　(2) 防治方法　①由于繁殖世代不整齐，成虫产卵后，幼虫及成虫共同取食马铃薯叶片，可利用成虫假死习性，人工捕捉成虫，摘除卵块。在田边、地头巡查，消灭成虫越冬虫源。②药剂防治。用 50％的敌敌畏乳油 500 倍液喷杀，对成虫、幼虫杀伤力都很强，防治效果达 100％。用 60％的敌百虫 500～800 倍液喷杀，或用 1000 倍乐果溶液喷杀，效果都较好。防治幼虫应抓住幼虫分散前的有利时机，用 20％氰戊菊酯或 2.5％溴氰菊酯 3000 倍液，或 50％辛硫磷乳剂 1000 倍液，或 2.5％高效氯氟氰菊酯（功夫）乳油 3000 倍液喷雾。发现成虫即开始喷药，每 10 天喷药 1 次，在植株生长期连续喷药 3 次，即可完全控制其为害程度。注意喷药时喷嘴向上喷雾，从下部叶背到上部叶面都要喷药，以便把孵化的幼虫全部杀死。

14. 茶黄螨的为害特点和防治方法是什么？

茶黄螨属于蜱螨目，是世界性的主要害螨之一，为害严重。

（1）为害症状和生活习性 茶黄螨对马铃薯嫩叶为害较重，特别是二季作地区的秋季马铃薯植株中上部叶片大部分受害，顶部嫩叶受害最重，严重影响植株生长。被害的叶背面有一层黄褐色发亮的物质，并使叶片向叶背卷曲，叶片变成扭曲、狭窄的畸形状态，这是茶黄螨侵害的结果，症状严重的叶片干枯。茶黄螨很小，肉眼看不见。茶黄螨在北京地区以 7～9 月份为害最重。

（2）防治方法 用 40％乐果乳油 1000 倍液，或 25％灭螨猛可湿性粉剂 1000 倍液，或 73％快螨特乳油 2000～3000 倍液，或 0.9％阿维菌素乳油 4000～6000 倍液喷雾，防治效果都很好。5～10 天喷药 1 次，连喷 3 次。喷药重点在植株幼嫩的叶背和茎的顶尖，并使喷嘴向上，直喷叶子背面效果才好。许多杂草是茶黄螨的寄主，对马铃薯田块周围的杂草集中焚烧，或进行药剂防治茶黄螨。

15. 马铃薯块茎蛾的为害特点和防治方法是什么？

块茎蛾属鳞翅目麦蛾科，寄主为马铃薯、茄子、番茄、青椒等茄科蔬菜及烟草等。

(1) 为害症状和生活习性 块茎蛾主要以幼虫为害马铃薯。在长江以南的云南、贵州、四川等省种植马铃薯和烟草的地区，块茎蛾为害严重。在湖南、湖北、安徽、甘肃、陕西等省也有块茎蛾为害。幼虫潜入叶内，沿叶脉蛀食叶肉，余留上下表皮，呈半透明状，严重时嫩茎、叶芽也被害枯死，幼苗可全株死亡。田间或贮藏期可钻蛀马铃薯块茎，蛀食块茎呈蜂窝状甚至全部蛀空，外表皱缩，并引起腐烂。在块茎贮藏期间为害最重，受害轻的产量损失10%～20%，重的可达70%左右。以幼虫或蛹在贮藏的薯块内，或在田间残留母薯内，或在茄子、烟草等茎茬内及枯枝落叶上越冬。成虫白天潜伏于植株丛间、杂草间或土缝里，晚间出来活动，但飞翔力很弱。块茎蛾在植株茎上、叶背和块茎上产卵，一般芽眼处卵最多，每个雌蛾可产卵80粒。夏季约30天、冬季约50天1代，每年可繁殖 5～6 代。

（2）防治方法 ①选用无虫种薯，避免马铃薯与烟草及茄科作物长期连作。禁止从病区调运种薯，防止扩大传播。②块茎在收获后马上运回，不使块茎在田间过夜，防止成虫在块茎上产卵。③清洁田园，结合中耕培土，避免薯块外露招引成虫产卵为害。集中焚烧田间植株和地边杂草，以及种植的烟草。④清理贮藏窖、库，并用敌敌畏等熏蒸灭虫。每立方米贮藏库的容积，可用 1 毫升敌敌畏熏蒸。⑤药剂防治。用二硫化碳按 27 克/米³ 密闭熏蒸马铃薯贮藏库 4 小时。用药量可根据库容大小而增减，或用苏云金杆菌粉剂 1 千克拌 1000 千克块茎。在成虫盛发期喷药，用 4.5％绿福乳油 1000～1500 倍液，或 24％万灵水剂 800 倍液喷雾防治。

16. 地老虎的为害特点和防治方法是什么？

地老虎俗称地蚕、切根虫等，是鳞翅目夜蛾科昆虫。地老虎有许多种，其中小地老虎是世界范围危害最重的一种害虫。

（1）为害症状和生活习性 小地老虎为夜盗蛾，以幼虫为害作物。小地老虎一年发生 4～5 代，以老熟幼虫在土中越冬。第一代幼虫为害严重，需重点防治。成虫白天栖息在杂草、土堆等荫蔽处，夜间活动，趋化性强，喜食甜酸味汁液，对黑光灯也有明显趋性，在叶背、土块、草棒上产卵，在草类多、温暖、潮湿、杂草丛生的地方，虫头基数多。幼虫夜间为害，白天栖息在幼苗附近土表下面，有假死性。地老虎是杂食性害虫，1～2 龄幼虫为害幼苗嫩叶，3 龄后转入地下为害根、茎，5～6 龄为害最重，可将幼苗茎从地面咬断，造成缺株断垄，影响产量。特别对于用种子繁殖的实生苗威胁最大。

（2）防治方法 ①清除田间及地边杂草，使成虫产卵远离本田，减少幼虫为害。②用毒饵诱杀。以 80％的敌百虫可湿性粉剂 500 克加水溶化后和炒熟的棉籽饼或菜籽饼 20 千克拌匀，或用灰灰菜、刺儿菜等鲜草约 80 千克，切碎和药拌匀作毒饵，于傍晚撒在幼苗根的附近地面上诱杀。③用灯光或黑光灯诱杀成虫效果也很好。或配制糖醋液诱杀成虫，糖醋液配制方法：糖 6 份、醋 3 份、白酒 1 份、水 10 份、敌百虫 1 份调匀，在成虫发生期设置。某些发酵变酸的食物，如甘薯、胡萝卜、烂水果等加入适量药剂，也可诱杀成虫。④药剂防治。用 50％辛硫磷乳油 1000 倍液喷雾，或用 2.5％敌百虫粉剂 2 千克/亩加细土 10 千克/亩制成毒土或灌根防治，或用 48％毒死蜱（乐斯本）乳油 1000 倍液灌根防治。在地老虎 1～3 龄幼虫期，采用 2.5％阿维菌素可湿性粉剂 1500 倍液，或 48％毒死蜱乳油 2000 倍液，或 10％顺式氯氰菊酯（高效灭百可）

乳油 1500 倍液，或 2.5％溴氰菊酯乳油 1500 倍液，或 20％氰戊菊酯乳油 1500 倍液等地表喷雾。

17. 蛴螬的为害特点和防治方法是什么？

（1）为害症状和生活习性 蛴螬为金龟子的幼虫。金龟子种类较多，各地均有发生。幼虫在地下为害马铃薯的根和块茎。其幼虫可把马铃薯的根部咬食成乱麻状，把幼嫩块茎吃掉大半，在老块茎上咬食成孔洞，严重时造成田间死苗。金龟子种类不同，虫体大小也不等，但幼虫均为圆筒形，体白，头红褐色或黄褐色，尾灰色。虫体常弯曲成马蹄形。成虫产卵于土中，每次产卵 20～30 粒，多的 100 粒左右，9～30 天孵化成幼虫。幼虫冬季潜入深层土中越冬，在 10 厘米深的土壤温度 5℃左右时，上升活动，土温在 13～18℃时为蛴螬活动高峰期。土温高达 23℃时蛴螬即向土层深处活动，低于 5℃时转入土下越冬。金龟子完成 1 代需要 1～2 年，幼虫期有的长达 400 天。

（2）防治方法 ①施用农家肥料时要经高温发酵，使肥料充分腐熟，以便杀死幼虫和虫卵。②毒土防治。每亩用 50％辛硫磷乳剂 400～500 克，或 3％辛硫磷颗粒 1.5～2 千克，拌细土 50 千克，于播前施入犁沟内或播种覆土。或每亩用 80％的敌百虫可湿性粉剂 500 克加水稀释，而后拌入 35 千克细土配制成毒土，在播种时施入穴内或沟中。③毒饵诱杀。用 0.38％苦参碱乳油 500 倍液，或 50％辛硫磷乳油 1000 倍液，或 80％的敌百虫可湿性粉剂（用少量水溶化），和炒熟的棉籽饼或菜籽饼拌匀，于傍晚撒在幼苗根的附近地面上诱杀。④在成虫盛发期，对害虫集中的作物或树上，喷施 50％辛硫磷乳剂 1000 倍液，或 90％晶体敌百虫 1000 倍液，或 2.5％溴氰菊酯乳油 3000 倍液，或 30％乙酰甲胺磷乳油 500 倍液，或 20％氰戊菊酯乳油 3000 倍液防治。

18. **蝼蛄的为害特点和防治方法是什么？**

蝼蛄属于直翅目，各地普遍发生。河北、山东、河南、苏北、皖北、陕西和辽宁等地的盐碱地和沙壤地为害最重。

（1）为害症状和生活习性 蝼蛄通常栖息于地下，夜间和清晨在地表下活动，吃新播的种子，咬食作物根部，对作物幼苗伤害极大，是重要的地下害虫。蝼蛄潜行于土中，形成隧道，使作物幼根与土壤分离，因失水而枯死，造成幼苗枯死或缺苗断垄。蝼蛄在华北地区 3 年完成一代，在黄淮海地区 2 年完成一代。成虫在土中 10～15 厘米处产卵，每次产卵 120～160 粒，最多达 528 粒。卵期

25 天左右，初孵化出的若虫为白色，而后呈黑棕色。成虫和若虫均于土中越冬，洞在土壤中最深可达 1.6 米。

（2）防治方法

① 毒饵诱杀　可用菜籽饼、棉籽饼或麦麸、秕谷等炒熟后，以 25 千克食料拌入 90％晶体敌百虫 1.5 千克。在害虫活动的地点于傍晚撒在地面上毒杀。

② 黑光灯诱杀　于晚间 7～10 时在没有作物的平地上以黑光灯诱杀，尤其在天气闷热的雨前夜晚诱杀效果最好。

19. 金针虫的为害特点和防治方法是什么？

金针虫是鞘翅目叩头虫科昆虫幼虫的总称，为重要的地下害虫。其分布广泛，为害作物种类也较多。

（1）为害症状和生活习性　金针虫在各地均有分布。在土中活动常咬食马铃薯的根和幼苗，并钻进块茎中取食，使块茎丧失商品价值。咬食块茎过程还可传病或造成块茎腐烂。叩头虫为褐色或灰褐色甲虫，体形较长，头部可上、下活动并使之弹跳。幼虫体细长，20～30 毫米，外皮金黄色、坚硬、有光泽。叩头虫完成一代要经过 3 年左右，幼虫期最长。成虫于土壤 3～5 厘米深处产卵，每只可产卵 100 粒左右。35～40 天孵化为幼虫，刚孵化的幼虫为白色，而后变黄。幼虫于冬季进入土壤深处，3～4月份10厘米深处土温6℃左右时，开始上升活动，土温10～16℃为其为害盛期，温度达21～26℃时又入土较深。

（2）防治方法　用毒土防治效果较好。防治方法参考蛴螬防治所述方法。

第七章

马铃薯的采收、贮藏保鲜与加工

1. 马铃薯的收获期如何确定？

一般商品薯生产和原种薯生产应考虑在生理成熟时收获，尽量争取最多产量和成熟的薯块。马铃薯生理成熟时，产量最高，干物质含量最高，还原糖含量最低。其生理成熟的标志是：大部分茎叶由绿逐渐变黄转枯，块茎尾部与连着的匍匐茎容易分离，不需用力拉即与连着的匍匐茎分开；块茎表皮韧性较大，皮层较厚，色泽正常。但有的时候不一定在生理成熟期收获，应灵活掌握收获期，如结薯早的品种，其生理成熟期需80天（出苗后），但在60天内块茎已达到市场要求，即可根据市场需要进行早收，提早上市。另外，秋末早霜后，虽未达生理成熟期，但因霜后叶枯茎干，不得不收；有的地势较低洼，雨季来临时为了避免涝灾，必须提前早收；因轮作安排下茬作物插秧或播种，也需早收获。二季作区春薯作种时，必须在有翅蚜虫大量飞迁之前收获，或及时将薯秧割掉，防止蚜虫大量传播病毒，才能保证种薯质量。

总之，收获期有各种情况，应根据实际需要而定。但在收获时要选择晴天，避免在雨天收获，收获前一周要停止浇水，以减少含水量，促进薯皮老化，以利于马铃薯及早进入休眠，要避免拖泥带水，否则既不便收获、运输，又容易因薯皮擦伤导致病菌侵入、发生腐烂而影响贮藏效果。

2. 马铃薯收获包括哪些环节？

马铃薯的收获质量直接关系安全贮藏及收益，在收获过程的安排和收获后的处理，每个环节都应做好。

（1）收获机械检修和物资准备　在收获前 20 天把所有的收获机械检修完毕达到作业状态。苫布、筐篓等其他收获工具，要根据需要准备充足。

（2）灭秧　收获前 5～7 天杀秧，杀秧机调到打下垄顶表土 2～3 厘米，以不伤马铃薯块茎为原则，尽量放低，把地表面的秧和表土层打碎，有利于收获。

（3）收获过程 收获方式可用机械收获，也可用木犁翻、人力挖掘等。但不论用什么方式收获，第一要注意不能因使用工具不当，大量损伤块茎；第二收获要彻底，不能将块茎大量遗漏在土中。收获时要注意晴天抢收，不要让薯块在烈日下暴晒，以免使马铃薯发青，影响品质。收种薯时应保持纯度，忌混杂。

（4）收后预贮 收获的块茎要及时运回，不能放在露地，更不宜用发病的薯秧遮盖，要防止雨淋和日光曝晒，以免堆内发热腐烂和外部薯皮变绿。轻装轻卸，不要使薯皮大量擦伤和碰伤。入窖前做好预贮措施，很好地给予通风晾干条件，促进后熟，加快木栓层的形成，严格选薯，去净泥土等。预贮场所应宽敞，预贮可以就地层堆，然后覆土，覆土厚度不少于 10 厘米。也可在室内盖毡预贮，以便于装袋运输或入窖。刚收获的块茎湿度大，堆高不宜超过 1 米，而且食用的块茎尽量放在暗处，通风要好。预贮时一定不要让薯块被晒和被淋。入窖时要尽量做到按品种和用途分别贮藏，以防混杂，并经过挑选去除病、烂、虫咬和损伤的块茎。预贮时间 15～20 天，使块茎表面水分蒸发，然后入窖。

3. 马铃薯收获后如何包装和运输?

　　为方便马铃薯的贮藏和运输,避免运输过程中的擦伤、碰伤,装袋过程中大小马铃薯应分开装,约合30～35千克/袋。装袋前需严格检查,坚决剔除烂薯、病薯或者破损薯等,因其可能会影响正常薯的品质。装载运输过程中要尽量减少运转环节和运转次数,尽可能地避免机械损伤和自然损伤。此外,装卸时要轻拿轻放,选用方便耐用的包装材料。

4. 马铃薯主要有哪些贮藏方式?

　　(1) 室内堆放贮藏　一种方式是将马铃薯在室内某个避光的角落堆成一堆,高度不超过50厘米,表面有的覆盖松针、泥土等,用以保暖和遮光,也有的不盖。在室内存放的马铃薯在度过休眠期后发芽,去除芽条后仍可食用或饲用。室内堆放的马铃薯质量损失较大,在15％～20％。贮藏期长达10个月。

　　另一种方式是在室内装袋堆放,挑选后的马铃薯装入网状的塑料编织袋中,堆放于室内的阴暗角落,每袋约装

50 千克，每垛约为 5～6 袋，并在室内中间和四周设通风道。这一方式较前一种散堆的方式易于翻动，可避免底层马铃薯因湿度过大而腐烂。

（2）室外贮藏 即马铃薯在田间堆放贮藏。在高寒山区，受温度、湿度的影响，马铃薯收获后，可就地堆放。堆的大小依据所在地块所产的马铃薯的多少而定，长度一般为 2～3 米，宽度一般为 1.5～2 米，堆高一般为 1.1～1.2 米，堆好后再在上面覆盖 5～7 厘米厚的泥土，完全就地取材，节约了搬运成本。在地势平坦的地区，多堆在道路旁，便于运输，也可堆放在树荫下。小堆的有 400～500 千克，大堆的可堆 5000 千克左右，每堆最多不要超过 10000 千克，堆大会造成堆内发热，易产生烂薯现象。存放 3～5 个月马铃薯重量和刚收获时差距不大，几乎没有重量损失。采用这种方式贮藏的目的是等待马铃薯价格上扬时出售，以获得较好收益。

（3）窖藏 马铃薯在贵州的窖藏方式有地下窖贮藏、地下井窖贮藏、窑洞窖贮藏等。用窖贮藏时马铃薯在贮藏期间受外界气温的变化影响较小。窖址的选择很关键，一般应在地势较高、平坦、向阳、干燥、交通方便的地方建窖。如在夏季贮藏，应注意选择阴凉的地方，避免太阳光长时间照射，最好在林荫地带建窖。冬季贮藏应选择背风的、容易保暖的地方。马铃薯贮藏窖要在马铃薯收获前一个月建成，因新窖内泥土温润，要有一段时间才能使窖内充分干燥，以利于贮藏。

① 地下窖　在地里挖一个深 30～40 厘米，宽 1 米，长度 2～3 米的地下窖，堆好马铃薯后，上面覆盖泥土、稻草或松针等。

② 地下井窖　井窖多选择在土壤结构坚实、地下水位低、地势高、干燥的地方修建，一般都建在农户房前屋后不远的地方。有的建在屋后的树林里，有的就直接建在房前十几米的地方。采用向下挖的圆筒式井窖，井的深度一般为 1.6～2.0 米，井口直径为 1.8～2.0 米。顶部有木制半圆形棚架，表面用 6～15 厘米的泥土覆盖后再盖上杂草、树枝等，以防日晒和雨淋。一般可装马铃薯 3000～3500 千克，贮藏期可长达 8～9 个月。

③ 窑洞窖　在土壤坚硬的小山坡上开挖一井窖，和室外地下井窖的结构基本一样，但在窖底挖出一圆形小孔，平时用泥土填上，取薯时从窖底圆形小孔将薯取出，比较方便，也可用于平时观察窖内贮藏情况。

马铃薯入室前，应先将窖内的旧土铲除 2～3 厘米，晾晒一周以上，并用生石灰或喷洒杀菌剂消毒、杀菌。入窖前马铃薯先在通风、避光的地方阴晒一周以上，使表皮木栓化，薯皮干爽。并除去病、烂、有机械损伤的马铃薯以及薯块表面的泥土。马铃薯在入窖搬运时必须做到轻拿轻放，切莫从窖口直接倒入。

对入库（窖）的马铃薯，先晾晒，使其在库（窖）外度过后熟期，然后装袋码垛，垛不要高。包装袋最好选用网眼袋，利于通气散热。要用木杠将袋子与地面隔开，利于地热及土地湿气的散失。在贮藏期间要经常检查，避免烂窖、冻窖、伤热、发芽、黑心等现象，防止造成重大经济损失。北方地区多采用地下窖贮藏马铃薯，因此，堆高宜控制在 1.5～2.0 米，并且窖贮容量不能超过全窖容量的 2/3，最好为 1/2 左右，如果条件允许，每堆之内应预留 1 米的通风道。

5. 马铃薯贮藏期间会经历哪些生理变化？

马铃薯贮藏期间要经过后熟期、休眠期和萌发期三个生理阶段。

（1）后熟期 收获后的马铃薯块茎还未充分成熟，生理年龄不完全相同，大约需要半个月到一个月的时间才能达到成熟，这段时间称为后熟期。这一阶段块茎的呼吸强度由强逐渐变弱，表皮也木栓化，块茎内的含水量在这一期间下降迅速，同时释放大量的热量。因此，刚收获的马铃薯要在背阴通风处摊开晾晒 15 天左右，使运输时破皮、挤伤、表皮擦伤的块茎进行伤口愈合，形成木栓层和伤口周皮并度过后熟阶段，然后再装袋入库或窖。

（2）休眠期　后熟阶段完成后块茎芽眼中幼芽处于稳定不萌发状态，块茎内的生理生化活动极微弱，有利于贮藏。温度在 0.5～2℃可显著延长贮藏期。

（3）萌发期　马铃薯通过休眠期后，在适宜的温、湿度下，幼芽开始萌动生长，块茎重量明显减轻。作为食用和加工的块茎要采取措施防止发芽，如喷抑芽剂等。马铃薯贮藏过程中，前、后期要注意防热，中间要注意防冻。

在贮藏期间，保证空气流通，可调节窖内的温度和湿度。同时促进气体交换，将块茎放出的二氧化碳带走，换入新鲜的氧气，使得马铃薯保证正常的呼吸活动。

6. **马铃薯贮藏期间对环境条件有哪些要求？**

马铃薯在贮藏期间块茎的自然损耗不大，伤热、受冻、腐烂所造成的损失是最主要的。因此要了解和掌握马铃薯贮藏过程与环境条件的关系及对环境条件的要求，采用科学管理方法，最大限度地减少贮藏期间的损失。

（1）温度　马铃薯贮藏期间的温度调节最为关键，环境温度过低，块茎会受冻；环境温度过高会使薯堆伤热，导致烂薯。一般情况下，当环境温度在−1～3℃时，9个小时块茎就冻硬；−5℃时2个小时块茎就受冻。长期在0℃左右环境中贮藏块茎，芽的生长和萌发受到抑制，生命力减弱。高温下贮藏，块茎打破休眠的时间较短，也易引起烂薯。马铃薯收获后应尽快贮藏，入库后10天内，应保持在13～18℃和较高的相对湿度条件下，以利于伤口的木栓化和愈合。此后必须尽快降低温度至3～7℃之间。贮藏的最后两周，将贮藏温度提高到12～20℃之间。

（2）湿度 保持贮藏环境内的适宜湿度，有利于减少块茎失水损耗。但是库（窖）内过于潮湿，块茎上会凝结小水滴，也叫"出汗"现象。这一方面会促使块茎在贮藏中后期发芽并长出须根，另一方面由于湿度大，还会为一些病原菌和腐生菌的侵染创造条件，导致发病和腐烂。相反，如果贮藏环境过于干燥，虽可减少腐烂，但极易导致薯块失水皱缩，同样降低块茎的商品性和种用性。马铃薯无论商品薯还是种薯，贮藏最适宜的空气相对湿度应为85％～90％。

（3）光 商品薯贮藏应避免见光，光可使薯皮变绿，龙葵素含量增加，食用品质降低。种薯在贮藏期间见光，可抑制幼芽的生长，防止出现徒长芽。此外，种薯变绿后有抑制病菌侵染的作用，避免烂薯。

（4）通风换气 马铃薯在贮藏期间，呼吸会产生二氧化碳，窖内二氧化碳含量多时，不但影响薯块的贮藏品质，还会引起黑心甚至降低种薯的发芽率，严重时人进窖也不安全。因此，贮藏窖换气口要定期打开通风换气，同时，换气时应尽量缩短通风时间，避免冷空气多时造成窖内气温与薯温差异较大，对马铃薯造成影响。

7. 如何防止马铃薯贮藏期间萌芽？

休眠期后，马铃薯就会萌芽，为抑制其萌芽可在休眠期使用抑芽剂处理。一般常用的药剂有：①氯苯胺灵。在堆放时将抑芽剂分层均匀施撒在马铃薯上，层高在 35 厘米左右，施撒后将薯堆覆盖 3～5 天。②青鲜素（MH），有抑制薯块萌芽生长的作用，所以又叫作"抑芽素"。在马铃薯收获前 2～3 周，用浓度为 0.25％～0.30％的药液喷洒植株，对防止薯块在贮藏期萌芽和延长贮藏期有良好效果。③萘乙酸甲酯，其作用与青鲜素相同。一般采用 3％的浓度，在收获前两周喷洒植株，或在贮藏时用萘乙酸甲酯制成药土，每 10 吨薯块用药 0.4～0.5 千克，加入 15～30 千克细土制成粉剂，撒在薯堆中，也有良好的抑芽效果。使用马铃薯抑芽保鲜剂应注意以下几点：要掌握好药液的配制浓度，若使用浓度太低，则效果不显著，浓度过高，往往会造成药害；要掌握好喷药的时间和方法；留作种用的薯块不能喷施抑芽剂之类的药剂。

8. 马铃薯按加工用途可分为哪些类型？

马铃薯按加工用途分为淀粉加工用马铃薯、油炸用马铃薯和速冻薯条用马铃薯。加工用马铃薯薯形一般分为圆球形、椭圆形和长椭圆形，基本要求是薯块新鲜不萎蔫、无腐烂、空心等内部和外部的缺陷。常见的马铃薯制品有：薯条、薯片、马铃薯全粉、马铃薯淀粉、马铃薯粉条、马铃薯粉丝、其他产品（马铃薯泥、醋、马铃薯粉皮等）。马铃薯加工的发展方向是：品种专业化、加工产业化、技术高新化、质量控制前程化。

9. 加工用马铃薯对干物质含量有何要求？

要求加工用马铃薯水分含量为 $63.9\% \sim 86.9\%$，干物质含量为 $13.9\% \sim 36.8\%$，油炸食品的干物质含量为 $22.3\% \sim 25.2\%$。干物质含量高，出品率高，油炸食品含油量低。

10. 加工用马铃薯如何贮藏？

马铃薯在贮藏中易出现发芽、糖化等现象，从而影响加工质量。因此，贮藏期要求低温下贮藏一段时间后，在加工前的 1~2 个月，再将其转移至 10~16℃温度条件下进行调整，并使用发芽抑制剂抑制薯块发芽。

附　　录

一、NY/T 5222—2004　无公害食品　马铃薯生产技术规程

发布时间：2004 年 1 月 7 日

实施时间：2004 年 3 月 1 日

发布单位：中华人民共和国农业部

1　范围

本标准规定了无公害食品马铃薯生产的术语和定义、产地环境、生产技术、病虫害防治、采收和生产档案。

本标准适用于无公害食品马铃薯的生产。

2　规范性引用文件

下列文件中的条款通过本标准的引用而成为本标准的条款。凡是注明日期的引用文件，其随后所有的修改单（不包括勘误的内容）或修订版均不适用于本标准，然而，鼓励根据本标准达成协议的各方研究是否可使用这些文件

的最新版本。凡是不注日期的引用文件，其最新版本适用于本标准。

GB 4285　农药安全使用标准

GB 4406　种薯

GB/T 8321（所有部分）　农药合理使用准则

GB 18133　马铃薯脱毒种薯

NY/T 496　肥料合理使用准则　通则

NY 5010　无公害食品　蔬菜产地环境条件

NY 5221　无公害食品　马铃薯

3　术语和定义

下列术语和定义适用于本标准。

3.1　脱毒种薯　virus-free seed potatoes

经过一系列物理、化学、生物或其他技术措施处理，获得在病毒检测后未发现主要病毒的脱毒苗（薯）后，经脱毒种薯生产体系繁殖的符合 GB 18133 标准的各级种薯。

脱毒种薯分为基础种薯和合格种薯两类。基础种薯是经过脱毒苗（薯）繁殖、用于生产合格种薯的原原种和由原原种繁殖的原种。合格种薯是用于生产商品薯的种薯。

3.2　休眠期　period of dormancy

生产指标，在适宜条件下，块茎从收获到块茎幼芽自然萌发的时期。马铃薯块茎的休眠实际开始于形成块茎的时期。

4 产地环境

产地环境条件应符合"NY 5010 无公害食品 蔬菜产地环境条件"的规定。选择排灌方便、土层深厚、土壤结构疏松、中性或微酸性的沙壤土或壤土，并要求 3 年以上未重茬栽培马铃薯的地块。

5 生产技术

5.1 播种前准备

5.1.1 品种与种薯

选用抗病、优质、丰产、抗逆性强、适应当地栽培条件、商品性好的各类专用品种。种薯质量应符合"GB 18133 马铃薯脱毒种薯"和"GB 4406 种薯"的要求。

5.1.2 种薯催芽

播种前 15～30d 将冷藏或经物理、化学方法人工解除休眠的种薯置于 15～20℃、黑暗处平铺 2～3 层。当芽长至 0.5～1cm 时，将种薯逐渐暴露在散射光下壮芽，每隔 5d 翻动一次。在催芽过程中淘汰病、烂薯和纤细芽薯。催芽时要避免阳光直射、雨淋和霜冻等。

5.1.3 切块

提倡小整薯播种。播种时温度较高、湿度较大、雨水较多的地区，不宜切块。必要时，在播前 4～7d，选择健康的、生理年龄适当的较大种薯切块。切块大小以 30～50g 为宜。每个切块带 1～2 个芽眼。切刀每使用 10min

后或在切到病、烂薯时，用 5％的高锰酸钾溶液或 75％酒精浸泡 1～2min 或擦洗消毒。切块后立即用含有多菌灵（约为种薯重量的 0.3％）或甲霜灵（约为种薯重量的 0.1％）的不含盐碱的植物草木灰或石膏粉拌种，并进行摊晾，使伤口愈合，勿堆积过厚，以防烂种。

5.1.4 整地

深耕，耕作深度 20～30cm。整地，使土壤颗粒大小合适。并根据当地的栽培条件、生态环境和气候情况进行做畦、做垄或平整土地。

5.1.5 施基肥

按照"NY/T 496 肥料合理使用准则 通则"要求，根据土壤肥力，确定相应施肥量和施肥方法。氮肥总用量的 70％以上和大部分磷、钾肥料可基施。农家肥和化肥混合施用，提倡多施农家肥。农家肥结合耕翻整地施用，与耕层充分混匀，化肥作种肥，播种时开沟施。适当补充中、微量元素。每生产 1000kg 薯块的马铃薯需肥量：氮肥（N）5～6kg，磷肥（P_2O_5）1～3kg，钾肥（K_2O）12～13kg。

5.2 播种

5.2.1 时间

根据气象条件、品种特性和市场需求选择适宜的播期。一般土壤深约 10cm 处地温为 7～22℃时适宜播种。

5.2.2 深度

地温低而含水量高的土壤宜浅播，播种深度约 5cm；地温高而干燥的土壤宜深播，播种深度约 10cm。

5.2.3 密度

不同的专用型品种要求不同的播种密度。一般早熟品种每公顷种植 60000～70000 株，中晚熟品种每公顷种植 50000～60000 株。

5.2.4 方法

人工或机械播种。降雨量少的干旱地区宜平作，降雨量较多或有灌溉条件的地区宜垄作。播种季节地温较低或气候干燥时，宜采用地膜覆盖。

5.3 田间管理

5.3.1 中耕除草

齐苗后及时中耕除草，封垄前进行最后一次中耕除草。

5.3.2 追肥

视苗情追肥，追肥宜早不宜晚，宁少毋多。追肥方法可沟施、点施或叶面喷施，施后及时灌水或喷水。

5.3.3 培土

一般结合中耕除草培土 2～3 次。出齐苗后进行第一次浅培土，显蕾期高培土，封垄前最后一次培土，培成宽而高的大垄。

5.3.4 灌溉和排水

在整个生长期土壤含水量保持在 60％～80％。出苗前不宜灌溉，块茎形成期及时适量浇水，块茎膨大期不能缺水。浇水时忌大水漫灌。在雨水较多的地区或季节，及时排水。田间不能有积水。收获前视气象情况 7～10d 停止灌水。

6 病虫害防治

6.1 防治原则

按照"预防为主，综合防治"的植保方针，坚持以"农业防治、物理防治、生物防治为主，化学防治为辅"的无害化治理原则。

6.2 主要病虫害

主要病害为晚疫病、青枯病、病毒病、癌肿病、黑胫病、环腐病、早疫病、疮痂病等。主要虫害为蚜虫、蓟马、粉虱、金针虫、块茎蛾、地老虎、蛴螬、二十八星瓢虫、潜叶蝇等。

6.3 农业防治

6.3.1 针对主要病虫控制对象，因地制宜选用抗（耐）病优良品种，使用健康的不带病毒、病菌、虫卵的种薯。

6.3.2 合理品种布局，选择健康的土壤，实行轮作倒茬，与非茄科作物轮作 3 年以上。

6.3.3　通过对设施、肥、水等栽培条件的严格管理和控制，促进马铃薯植株健康成长，抑制病虫害的发生。

6.3.4　测土平衡施肥，增施磷、钾肥，增施充分腐熟的有机肥，适量施用化肥。

6.3.5　合理密植，起垄种植，加强中耕除草、高培土、清洁田园等田间管理，降低病虫源数量。

6.3.6　建立病虫害预警系统，以防为主，尽量少用农药和及时用药。

6.3.7　及时发现中心病株并清除、远离深埋。

6.4　生物防治

释放天敌，如捕食螨、寄生蜂、七星瓢虫等。保护天敌，创造有利于天敌生存的环境，选择对天敌杀伤力低的农药。利用 $350\sim750g/hm^2$ 的 16000IU/mg 苏云金杆菌可湿性粉剂 1000 倍液防治鳞翅目幼虫。利用 0.3% 印棟乳油 800 倍液防治潜叶蝇、蓟马。利用 0.38% 苦参碱乳油 $300\sim500$ 倍液防治蚜虫以及金针虫、地老虎、蛴螬等地下害虫，利用 $210\sim420g/hm^2$ 的 72% 农用硫酸链霉素可溶性粉剂 4000 倍液，或 3% 中生菌素可湿性粉剂 $800\sim1000$ 倍液防治青枯病、黑胫病或软腐病等多种细菌病害。

6.5　物理防治

露地栽培可采用杀虫灯以及性诱剂诱杀害虫。保护地栽培可采用防虫网或银灰膜避虫、黄板（柱）以及性诱剂诱杀害虫。

6.6 药剂防治

6.6.1 农药施用严格执行 GB 4285 和 GB/T 8321 的规定。应对症下药，适期用药，更换使用不同的适用药剂，运用适当浓度与药量，合理混配药剂，并确保农药施用的安全间隔期。

6.6.2 禁止施用高毒、剧毒、高残留农药：甲胺磷，甲基对硫磷，对硫磷，久效磷，磷胺，甲拌磷，甲基异柳磷，特丁硫磷，甲基硫环磷，治螟磷，内吸磷，克百威，涕灭威，灭线磷，硫环磷，蝇毒磷，地虫硫磷，氯唑磷，苯线磷等农药。

6.6.3 主要病虫害防治

6.6.3.1 晚疫病

在有利发病的低温高湿天气，用 $2.5\sim3.2kg/hm^2$ 的 70％代森锰锌可湿性粉剂 600 倍液，或 $2.25\sim3kg/hm^2$ 时的 25％甲霜灵可湿性粉剂 $500\sim800$ 倍液，或 $1.8\sim2.25kg/hm^2$ 的 58％甲霜灵锰锌可湿性粉剂 800 倍液，喷施预防，每 7d 左右喷 1 次，连续 $3\sim7$ 次。交替使用。

6.6.3.2 青枯病

发病初期用 $210\sim420g/hm^2$ 的 72％农用链霉素可溶性粉剂 4000 倍液，或 3％中生菌素可湿性粉剂 $800\sim1000$ 倍液，或 $2.25\sim3kg/hm^2$ 的 77％氢氧化铜可湿性微粒粉剂 400～500 倍液灌根，隔 10d 灌 1 次，连续灌 2～3 次。

6.6.3.3 环腐病

用 50mg/kg 硫酸铜溶液浸泡薯种 10min。发病初期，用 210～420g/hm² 的 72%农用链霉素可溶性粉剂 4000 倍液，或 3%中生菌素可湿性粉剂 800～1000 倍液喷雾。

6.6.3.4 早疫病

在发病初期，用 2.25～3.75kg/hm² 的 75%百菌清可湿性粉剂 500 倍液，或 2.5～3kg/hm² 的氢氧化铜可湿性微粒粉剂 400～500 倍液喷雾，每隔 7～10d 喷 1 次，连续喷 2～3 次。

6.6.3.5 蚜虫

发现蚜虫时防治，用 375～600g/hm² 的 5%抗蚜威可湿性粉剂 1000～2000 倍液，或 150～300g/hm² 的 10%吡虫啉可湿性粉剂 2000～4000 倍液，或 150～375mL/hm² 的 20%的氰戊菊酯乳油 3300～5000 倍液，或 300～600mL/hm² 的 10%氯氰菊酯乳油 2000～4000 倍液等药剂交替喷雾。

6.6.3.6 蓟马

当发现蓟马为害时，应及时喷施药剂防治，可施用 0.3%印楝素乳油 800 倍液，或 150～375mL/hm² 的 20%的氰戊菊酯乳油 3300～5000 倍液，或 450～750mL/hm² 的 10%氯氰菊酯乳油 1500～4000 倍液喷施。

6.6.3.7　粉虱

于种群发生初期，虫口密度尚低时，用 $375\sim525$ mL/hm^2 的 10% 氯氰菊酯乳油 $2000\sim4000$ 倍液，或 $150\sim300$g/hm^2 的 10% 吡虫啉可湿性粉剂 $2000\sim4000$ 倍液喷施。

6.6.3.8　金针虫、地老虎、蛴螬等地下害虫

可施用 0.38% 苦参碱乳油 500 倍液，或 750mL/hm^2 的 40% 的辛硫磷乳油 1000 倍液，或 $950\sim1900$g/hm^2 的 80% 的敌百虫可湿性粉剂，用少量水溶化后和炒熟的棉籽饼或菜籽饼 $70\sim100$kg 拌匀，于傍晚撒在幼苗根的附近地面上诱杀。

6.6.3.9　马铃薯块茎蛾

对有虫的种薯，室温下用溴甲烷 35g/m^3 或二硫化碳 7.5g/m^3 熏蒸 3 小时。在成虫盛发期可喷洒 $300\sim600$mL/hm^2 的 2.5% 高效氯氟氰菊酯乳油 2000 倍液喷雾防治。

6.6.3.10　二十八星瓢虫

发现成虫即开始喷药，用 $225\sim450$mL/hm^2 的 20% 的氰戊菊酯乳油 $3000\sim4500$ 倍液，或 2.25kg/hm^2 的 80% 的敌百虫可湿性粉剂 $500\sim800$ 倍液喷杀，每 10d 喷药 1 次，在植株生长期连续喷药 3 次，注意叶背和叶面均匀喷药，以便把孵化的幼虫全部杀死。

6.6.3.11　螨虫

用 750～1050mL/hm² 的 73％炔螨特乳油 2000～3000 倍液，或施用其他杀螨剂，5～10d 喷药 1 次，连喷 3～5 次，喷药重点在植株幼嫩的叶背和茎的顶尖。

6.6.3.12　本标准规定以外其他药剂的选用，应符合本标准第 6.6.1 条的规定。

7　采收

根据生长情况与市场需求及时采收。采收前若植株未自然枯死，可提前 7～10d 杀秧。收获后，块茎避免暴晒、雨淋、霜冻和长时间暴露在阳光下而变绿。产品质量应符合"NY 5221　无公害食品　马铃薯"的要求。

8　生产档案

8.1　建立田间生产技术档案。

8.2　对生产技术、病虫害防治和采收各环节所采取的主要措施进行详细记录。

二、GB 18133—2012　马铃薯种薯

发布时间：2012 年 12 月 31 日

实施时间：2013 年 12 月 19 日

发布单位：中华人民共和国农业部

1 范围

本标准规定了马铃薯种薯分级的质量指标、检验方法和标签的最低要求。

本标准适用于中华人民共和国境内马铃薯种薯的生产、检验、销售以及产品认证和质量监督。

2 规范性引用文件

下列文件对于本文件的应用是必不可少的。凡是注日期的引用文件，仅注日期的版本适用于本文件。凡是不注日期的引用文件，其最新版本（包括所有的修改单）适用于本文件。

GB 20464 农作物种子标签通则

3 术语和定义

下列术语和定义适用于本文件。

3.1 马铃薯种薯 seed potatoes

符合本标准规定的相应质量要求的原原种、原种、一级种和二级种。

3.2 原原种（G1）pre-elite

用育种家种子、脱毒组培苗或试管薯在防虫网、温室等隔离条件下生产，经质量检测达到 5.2 要求的、用于原种生产的种薯。

3.3 原种（G2）elite

用原原种作种薯，在良好隔离环境中生产的，经质量检测达到5.2要求的，用于生产一级种的种薯。

3.4 一级种（G3）qualified Ⅰ

在相对隔离环境中，用原种作种薯生产的，经质量检测后达到5.2要求的，用于生产二级种的种薯。

3.5 二级种（G4）qualified Ⅱ

在相对隔离环境中，由一级种作种薯生产，经质量检测后达到5.2要求的，用于生产商品薯的种薯。

3.6 种薯批 seed potatolot

来源相同、同一地块、同一品种、同一级别以及同一时期收获、质量基本一致的马铃薯植株或块茎作为一批。

4 有害生物

4.1 非检疫性限定有害生物

4.1.1 病毒

马铃薯 X 病毒（Potato virus X，PVX）。

马铃薯 Y 病毒（Potato virus Y，PVY）。

马铃薯 S 病毒（Potato virus S，PVS）。

马铃薯 M 病毒（Potato virus M，PVM）。

马铃薯卷叶病毒（Potato leafroll virus，PLRV）。

4.1.2 细菌

马铃薯青枯病菌（*Ralstonia solanacearum*）。

马铃薯黑胫病和软腐病菌（*Erwinia carotovora* subspecies *atroseptica*，*Erwinia carotovora* subspecies *caro-*

tovora，*Erwinia chrysanthemi*）。

马铃薯普通疮痂病菌（*Streptomyces scabies*）。

4.1.3 真菌

马铃薯晚疫病菌（*Phytophthora infestans*）。

马铃薯干腐病菌（*Fusarium*）。

马铃薯湿腐病菌（*Pythium ultimum*）。

马铃薯黑痣病菌（*Rhizoctonia solani*）。

4.1.4 昆虫

马铃薯块茎蛾（*Phthorimaea operculella*）。

4.2 检疫性有害生物

4.2.1 病毒和类病毒

马铃薯 A 病毒（Potato virus A，PVA）。

马铃薯纺锤块茎类病毒（Potato spindle tuber viroid，PSTVd）。

4.2.2 真菌

马铃薯癌肿病菌（*Synchytrium endobioticum*）。

4.2.3 细菌

马铃薯环腐病菌（*Clavibacter michiganensis* subspecies *sepedonicus*）。

4.2.4 植原体

马铃薯丛枝植原体（Potato witches' broom phytoplasma）。

4.2.5 昆虫

马铃薯甲虫（*Leptinotarsa decemlineata*）。

5 质量要求

5.1 种薯分级

种薯级别分为原原种、原种、一级种和二级种。

5.2 各级种薯的质量要求

5.2.1 检疫性病虫害允许率

所有 4.2 列出的检疫性有害生物在种薯生产中的允许率为"0",一旦发现此类病虫害,应立即报给检疫部门,由检疫部门根据病虫害种类采取相应措施,同时该地块所有马铃薯不能用作种薯。

5.2.2 非检疫性有害生物和其他项目允许率

各级别种薯非检疫性限定有害生物和其他检测项目应符合最低要求(见表1~表3)。

表1 各级别种薯田间检查植株质量要求

项目		允许率[a]/%			
		原原种	原种	一级种	二级种
混杂		0	1.0	5.0	5.0
病毒病	重花叶	0	0.5	2.0	5.0
	卷叶	0	0.2	2.0	5.0
	总病毒病[b]	0	1.0	5.0	10.0
青枯病		0	0	0.5	1.0
黑胫病		0	0.1	0.5	1.0

注:a 表示所检测项目阳性样品占检测样品总数的百分比。

b 表示所有有病毒症状的植株。

表2　各级别种薯收获后检测质量要求

项目	允许率/%			
	原原种	原种	一级种	二级种
总病毒病(PVY 和 PLRV)	0	1.0	5.0	10.0
青枯病	0	0	0.5	1.0

表3　各级别种薯库房检查块茎质量要求

项目	允许率/(个/100 个)	允许率/(个/50kg)		
	原原种	原种	一级种	二级种
混杂	0	3	10	10
湿腐病	0	2	4	4
软腐病	0	1	2	2
晚疫病	0	2	3	3
干腐病	0	3	5	5
普通疮痂病[a]	2	10	20	25
黑痣病	0	10	20	25
马铃薯块茎蛾	0	0	0	0
外部缺陷	1	5	10	15
冻伤	0	1	2	2
土壤和杂质[b]	0	1%	2%	2%

注：a 病斑面积不超过块茎表面积的 1/5。

　　b 允许率按重量百分比计算。

6 检验方法

6.1 田间检查

6.1.1 原原种生产过程检查

温室或网棚中，组培苗扦插结束或试管薯出苗后30～40天，同一生产环境条件下，全部植株目测检查一次，目测不能确诊的非正常植株或器官组织应马上采集样本进行实验室检验。

6.1.2 原种、一级种和二级种田间检查

采用目测检查，种薯每批次至少随机抽检5～10点，每点100株（见表4），目测不能确诊的非正常植株或器官组织应马上采集样本进行实验室检验。

表4 每种薯批抽检点数

检测面积/hm²	检测点数/个	检查总数/株
≤1	5	500
>1,≤40	6～10(每增加 10hm² 增加 1 个检测点)	600～1000
>40	10(每增加 40hm² 增加 2 个检测点)	>1000

注：$1hm^2 = 10^4 m^2$。

整个田间检验过程要求于40天内完成。第一次检查在现蕾期至盛花期进行，第二次检查在收获前30天左右进行。

当第一次检查指标中任何一项超过允许率的5倍，则停止检查，该地块马铃薯不能作种薯销售。

第一次检查任何一项指标超过允许率在5倍以内，可

通过种植者拔除病株和混杂株降低比率，第二次检查为最终田间检查结果。

6.2 块茎检验

6.2.1 收获后检测

种薯收获和入库期，根据种薯检验面积在收获田间随机取样，或者在库房随机抽取一定数量的块茎用于实验室检测。原原种每个品种每 100 万粒检测 200 粒（每增加 100 万粒增加 40 粒，不足 100 万粒的按 100 万粒计算）。大田每批种薯根据生产面积确定检测样品数量（见表 5）。

表 5　收获后实验室检测样品数量

种薯级别	≤40hm²ᵃ取样量（个）
原种	200（每增加 10～40hm² 增加 40 个块茎）
一级种	100（每增加 10～40hm² 增加 20 个块茎）
二级种	100（每增加 10～40hm² 增加 10 个块茎）

注：a 为种薯面积单位（hm²）。

块茎处理：块茎打破休眠栽植，苗高 15cm 左右开始检测，病毒检测采用酶联免疫（ELISA）或逆转录聚合酶链式反应（RT-PCR）方法，类病毒采用往返电泳（R-PAGE）、RT-PCR 或核酸斑点杂交（NASH）方法，细菌采用 ELISA 或聚合酶链式反应（PCR）方法。以上各病害检测也可以采用灵敏度高于推荐方法的检测技术。

6.2.2 库房检查

种薯出库前应进行库房检查。

原原种根据每批次数量确定扦样点数（见表6），随机扦样，每点取块茎500粒。

表6 原原种块茎扦样量

每批次总产量/万粒	块茎取样点数/个	检验样品量/粒
≤50	5	2500
>50,≤500	5～20(每增加30万粒增加1个检测点)	2500～10000
>500	20(每增加100万粒增加2个检测点)	>10000

大田各级种薯根据每批次总产量确定扦样点数（见表7），每点扦样25kg，随机扦取样品应具有代表性，样品的检验结果代表被抽检批次。同批次大田种薯存放不同库房，按不同批次处理，并注明质量溯源的衔接。

表7 大田各级种薯块茎秆样量

每批次总产量/t	块茎取样点数/个	检验样品量/kg
≤40	4	100
>40,≤1000	5～10(每增加200t增加1个检测点)	120～250
>1000	10(每增加1000t增加2个检测点)	>250

采用目测检验，目测不能确诊的病害也可采用实验室检测技术，目测检验包括同时进行块茎表皮和必要情况下一定数量内部症状检验。

7 判定规则

7.1 定级

种薯级别以种薯繁殖的代数，并同时满足田间检查和收获后检测达到的最低质量要求为定级标准。

7.2 降级

检验参数任何一项达不到拟生产级别种薯质量要求的，降到与检测结果相对应的质量指标的种薯级别，达不到最低一级别种薯质量指标的不能用作种薯。

第二次田间检查超过最低级别种薯允许率的，该地块马铃薯不能用作种薯。

7.3 出库标准

任何级别的种薯出库前应达到库房检查块茎质量要求，重新挑选或降到与库房检查结果相对应的质量指标的种薯级别，达不到最低一级别种薯质量指标的，应重新挑选至合格后方可发货。

8 标签

应符合 GB 20464 的相关规定。

三、GB 7331—2003 马铃薯种薯产地检疫规程

发布时间：2003 年 6 月 2 日

实施时间：2003 年 11 月 1 日

发布单位：中华人民共和国国家质量监督检验检疫总局

1 范围

本标准规定了马铃薯种薯产地的检疫性有害生物和限定非检疫性有害生物种类、健康种薯生产、检验、检疫、签证等。

本标准适用于实施马铃薯种薯产地检疫的检疫机构和所有繁育、生产马铃薯种薯的各种单位（农户）。

2 术语和定义

下列术语和定义适用于本标准。

2.1 产地

因植物检疫的目的而单独管理的生产点。

2.2 产地检疫

植物检疫机构对植物及其产品（含种苗及其他繁殖材料，下同）在原产地生产过程中的全部工作，包括田间调查、室内检验、签发证书及监督生产单位做好选地、选种和疫情处理工作。

2.3 有害生物

任何对植物或植物产品有害的植物、动物或病原物的种、株（品）系或生物型。

2.4 限定有害生物

一种检疫性有害生物或限定非检疫性有害生物。

2.5 检疫性有害生物

对受其威胁的地区具有潜在经济重要性、但尚未在该地区发生，或虽已发生但分布不广并进行官方防治的有害生物。

2.6 限定非检疫性有害生物

一种非检疫性有害生物，但它在供种植的植物中存在，危及这些植物的预期用途而产生无法接受的经济影响，因而在输入方境内受到限制。

2.7 马铃薯健康种薯

按照本规程所列方法进行检查和检验，未发现检疫性有害生物，限定非检疫性有害生物发生率符合本规程所定标准的种薯及种苗。

2.8 脱毒种薯

应用茎尖组织培养技术繁育马铃薯脱毒苗，经逐代繁育增加种薯数量的种薯生产体系生产出来用于商品薯的合格种薯。

3 检疫性有害生物及限定非检疫性有害生物

3.1 检疫性有害生物

马铃薯癌肿病 *Synchytrium endobioticum*（Sehilb）Per.

马铃薯甲虫 *Leptinotarsa decemlineata*（Say）

3.2 限定非检疫性有害生物

马铃薯青枯病菌 *Pseudomonas solanaceanum*

马铃薯黑胫病菌 *Erwinia carotovors*

马铃薯环腐病菌 *Clavibacter michiganensis*

3.3 各省补充的其他检疫性有害生物

4 健康种薯生产

4.1 种薯种植地的选择

4.1.1 种薯地应选在无检疫性有害生物发生的地区，或非疫生产点。

4.1.2 繁育者于播种前一个月内向所在地植物检疫机构申报并填写"产地检疫申报表"（见表1）。

表1 产地检疫申报表

申报号：

作物名称：

申报单位（农户）：　　　联系人：　　　联系电话：　　　　　　地址：

种植地点	种植地块编号	种植面积 667m²（亩）	品种	种苗来源	预计播期	预计总产量/kg	隔离条件
合计							

续表

植物检疫机构审核意见

审核人：

植物检疫专用章
年　月　日

注1：本表一式二联。第一联由审核机关留存，第二联交申报单位。

注2：本表仅供当季使用

4.2　种薯的生产

4.2.1　以脱毒种薯或以三圃提纯复壮后的优良种薯生产合格的种薯，均需附有产地检疫合格证（见表2）。

表2　产地检疫合格证

有效期至　　　年　月　日

检疫日期　　　年　月　日　　　　　　　（　）检（　）字第　　号

作物名称			
种植面积			
种苗产量	kg/株		
种植单位			
检疫结果	经田间调查和实验室检验，未发现规程规定的限定有害生物，符合马铃薯健康种薯标准，准予作种用。 　　　　　　签发机关(盖章)　　　　检疫员		

注1：本证第一联交生产单位凭证换取植物检疫证书，第二联留存检疫机关备查。

注2：本证不作"植物检疫证书"使用。

4.2.2　播种前将种薯在室温下催芽 3 周左右，以汰除暴露出来的病薯。

4.2.3　若切块播种，必须进行切刀消毒，方法见附录 A。

4.3　防疫措施

4.3.1　马铃薯癌肿病发生区

应在与其他作物轮作的地块，采用脱毒薯作种薯或以抗病品种为主，高畦种植，并彻底拔除隔生薯。

4.3.2　马铃薯害虫发生区

4.3.2.1　种薯繁育地必须实行轮作；播种时用有效药剂对土壤进行消毒。

4.3.2.2　除提前 10 天左右种植马铃薯或天仙子为诱集带外，种薯地周围 2km 不得种植马铃薯和茄科植物。

4.3.2.3　诱集带要专人管理，发现马铃薯害虫及时捕灭。

4.3.3　疫情处理

4.3.3.1　发现本规程所列检疫性有害生物，必须立即采取防除措施，全部拔除已感染植株并销毁。

4.3.3.2　如发现马铃薯癌肿病病株，必须挖出母薯及已成型的种薯，深埋或销毁。

4.3.3.3　如发现马铃薯害虫类，必须喷药处理土壤，种薯不得带土壤，不得用马铃薯及其他茄科植物的蔓条包装铺垫。

4.3.4　药剂保护

4.3.4.1　防治马铃薯癌肿病：用 25％粉锈灵可湿性粉（或乳油）叶面喷雾；25％粉锈灵可湿性粉每 667m² 400～500g 拌细土 40～50kg，于播种时盖种，或于出苗70％及初现蕾时配成药液 60kg，各进行一次喷雾，防止马铃薯癌肿病的发生。

4.3.4.2　防治马铃薯害虫类：2.5％敌杀死、20％灭杀菌酯 5000 倍液喷雾杀虫。

4.3.4.3　出苗后 3～4 天开始用药剂常规喷雾，预防晚疫病，保证田间检查和疫情处理准确进行。

4.3.5　窖藏管理

4.3.5.1　入窖前 15～30 天严格汰除病、虫、烂、伤、杂、劣种薯，并经常翻晾。

4.3.5.2　贮藏窖容器要消毒，不同级别不同品种分别贮藏。

4.3.5.3　通风窖贮存，贮量不超过窖内空间的三分之一。窖内温度保持在 1～3℃为宜，相对湿度 75％左右。

4.3.5.4　"死窖贮藏"，冬季封好窖，严防受冻或受热烂薯。

5　检验和签证

5.1　马铃薯种薯的检验

以田间调查为主，必要时进行室内检验。

5.1.1 田间调查

5.1.1.1 调查时期：分别于苗高 $20\sim25cm$，盛花期、收获前两周各检查一次。

5.1.1.2 调查方法：在进行全面调查的基础上，根据不同面积随机选点，1 亩以下地块检查 200 株，1 亩以上的地块检查总株数不得少于 500 株。

5.1.1.3 危害及症状鉴别：田间病株和薯块症状，以肉眼观察为主，参见附录 B。

5.1.1.4 调查结果记入田间调查记录表（见表 3）。

表3 马铃薯病虫害田间调查记录表

检查项目			检查次数			薯块(收获及入窖前)	检查人员意见
日期			一	二	三		
检查方法							
检查数量							
病虫害发生情况	马铃薯癌肿病	株/块					
		%					
	马铃薯青枯病	株/块					
		%					
	马铃薯甲虫	株/块					
		%					
	马铃薯黑胫病	株/块					
		%					
	马铃薯环腐病	株/块					
		%					
调查点							

5.1.2 室内检验

5.1.2.1 田间不能确诊的植株（或薯块），需采集标本做室内检验。方法见附录 C。

5.1.2.2 检验结果填入产地检疫送检样品室内检验报告单（见表 4）。

表 4 产地检疫送检样品室内检验报告单

送样人：

对应申报号	样本编号：	取样日期：
作物名称：	品种及级别：	取样部位：
检验方法：		
检验结果：		
备注		

检验人(签名)：

审核人(签名)：

植物检疫专用章
年　月　日

5.2 签证

凡经田间调查和室内检验未发现检疫性有害生物及限定非检疫性有害生物，或最后一次田间调查（含前两次调查曾发现病株已做彻底的疫情处理）限定非检疫性有害生物病株率 0.2% 以下，发给产地检疫合格证。

5.3 其他要求

5.3.1 以当地植物检疫机构为主，种子管理部门和繁种单位予以配合。

5.3.2 详细填写种苗（薯）产地检疫档案卡，见附录 D。

附　录　A

（规范性附录）

切刀消毒操作程序

A.1 器材

切刀：2 把；

搪瓷盆（或塑料大盆），2 个；

大筐（或苇席）1 个；

消毒药液：2000mL（0.1％酸性升汞、0.1％高锰酸钾、75％乙醇，500 碳酸任选一种即可）。

A.2 操作程序

A.2.1 将兑好的药液倒入盆中，将切刀片浸入药液中。

A.2.2 先取出一把切刀，切一个种薯后，刀放回药液，取另一把切刀切完一个种薯后，再将刀放入药液，如此两把刀交替使用。

A.2.3 切薯块时，边切边观察切面，发现病薯或可疑薯块全部淘汰。

A.2.4 切好的薯块放在清洁大筐里（或苇席上）备用。

附 录 B
（资料性附录）
马铃薯有害生物田间症状鉴别

B.1 马铃薯病害田间症状鉴别

见表 B.1。

表 B.1 马铃薯真、细菌类有害生物田间症状表

发病部位	马铃薯癌肿病	马铃薯青枯病	马铃薯环腐病	马铃薯黑胫病
植株	主枝与分枝,分枝与分枝或枝叶的腋芽茎尖等处,长出一团团密集的卷叶状的瘤,形似花球状,绿色后变褐,最后变黑,腐烂脱落,茎秆、花梗上和叶背花萼背面长出无叶柄的、绿色有主脉无支脉的丛生小叶	初期植株部分萎蔫,微黄。晚期严重萎蔫,变褐,叶片干枯而死,横切茎面可见维管束变黑,有灰白色黏液渗出	现蕾后陆续出现萎蔫型顶叶变小,叶缘向上卷曲,叶色变淡呈灰绿,茎秆一支或数支萎蔫,垂倒黄化枯死,但枯死后叶片不脱落	苗期 20～25cm 开始表现植株矮化,叶片褪绿黄化,茎部呈黑腐状,表皮组织破裂,后期形成黑脚
薯块	匍匐茎,薯块形成形状不一的瘤,肉质易断,乳白或似薯色,渐粉—褐—黑腐	病薯切开有灰白色黏液渗出。严重时腐烂	尾脐部皱缩凹陷,可挤出乳黄色菌脓,多有皮层分裂	病组织呈灰黑色,并常形成黑孔

B.2 马铃薯甲虫的田间鉴别

B.2.1 成虫：体短卵圆形，长 9～11mm 左右，体宽 6～7mm，背部明显隆起，红黄色，有光泽。每鞘翅上有 5 条黑色纵纹。

B.2.2 卵：卵块状，每块一般 24～34 粒，多的可达 90 粒，壳透明，略带黄色，有光泽，卵与卵之间为一椭圆形斑痕。卵产于马铃薯及其他寄主叶背面。

B.2.3 幼虫：背部显著隆起，体色随虫龄变化，由褐—鲜红—粉红或橘黄。背部显著隆起，两侧有两行大的暗色骨片，腹节上的骨片呈瘤状突起。

附　录　C
（规范性附录）
几种主要真、细菌病害的室内检验方法

C.1 马铃薯癌肿病的室内检验

C.1.1 显微镜检验

用接种针挑取病组织或做横断面切片，在显微镜下观察，若发现病菌原孢囊堆、夏孢子堆或休眠孢子囊者，为马铃薯癌肿病。

C.1.2 染色法

C.1.2.1 将病组织放在蒸馏水中浸泡半小时。

C.1.2.2 用吸管吸取上浮液一滴放在载玻片上。

C.1.2.3　加1％的锇酸液或0.1％升汞水一滴固定，在空气中干燥，再用1％酸性品红或1％～5％龙胆紫一滴染色1min。

C.1.2.4　洗去染液镜检，若见到单鞭毛的游动孢子即为阳性。

C.2　马铃薯环腐病的室内检验

C.2.1　革兰氏染色（Gram Stain）

C.2.1.1　试验设备

显微镜、载玻片、酒精灯。

C.2.1.2　试剂

试剂为分析纯，用无菌水配置：

a）龙胆紫染色液：2.5g龙胆紫加水到2L；

b）碳酸氢钠：12.5g碳酸氢钠加水到1L；

c）碘媒染液：2g碘溶解于10mL 1mol/L氢氧化钠溶液中，加水到100mL；

d）脱色剂：75mL 95％乙醇加25mL丙酮，并定容至100mL；

e）碱性品红复染液：取100mL碱性品红（95％乙醇饱和液），加水到1L。

C.2.1.3　取样制备涂片

所有实验用具都用70％酒精擦拭灭菌。

C.2.1.3.1　鉴定植株：植株从地表上方2cm处割断，用镊子挤压直至切口流出汁液，取汁液一滴滴于载玻片上（无汁液用镊子取维管束附近碎组织于载玻片上，加一滴无菌水移去碎组织），加无菌水一滴稀释，风干后用火焰烘烤 2～3 次固定。

也可从切口处切下 0.5cm 厚的茎切片，在小研钵中研磨，取一滴汁液按上法固定。

C.2.1.3.2　鉴定块茎：将待检块茎切开，按上法取汁、固定。

C.2.1.4　涂片染色

滴 1 滴龙胆紫与碳酸氢钠等量混合液（现用现配）于涂片上，染色 20s。

滴 1 滴碘媒染液染 20s，滴水洗涤。

滴 1 滴乙醇、丙酮脱色液，脱色 5～10s，滴水洗涤。

滴 1 滴碱性品红溶液复染 2～3s，风干。

C.2.1.5　镜检和结果判定

用 1000～1500 倍显微镜镜检，呈蓝紫色的单个或 2～4 个集聚的短杆状菌体为革兰氏阳性细菌，判定为环腐病原菌；染成粉红的即可排除环腐病细菌，判定为革兰氏阴性反应。

C.3　马铃薯青枯病的室内检验

用酶联检测盒进行检测（参考国际马铃薯中心 CIP 提供的硝酸纤维素膜酶联免疫吸附测定法 NCM-ELISA）。

操作硝酸纤维膜，指纹会造成假阳性反应，所以始终应戴手套或用镊子操作。

附　录　D

（规范性附录）

种苗（薯）产地检疫档案卡

地块：

检验日期	作物	品种	种类来源	播种日期	田间检查发现病株率								室内检验结果
					限定有害生物编号								阳性编号
					1	2	3	4	5	6	7	8	
													检查人
													备注

注：有害生物编号为：

1—马铃薯癌肿病；

2—马铃薯甲虫；

3—马铃薯青枯病；

4—马铃薯黑胫病；

5—马铃薯环腐病。

参考文献

[1] 屈冬玉，金黎平，谢开云，等．中国马铃薯产业现状、问题和趋势 [A]．中国作物学会马铃薯专业委员会 2001 年年会论文集 [C]．2001.

[2] 李济宸，李群．我国马铃薯产业现状、问题及发展对策 [J]．科学种养，2009（7）：4-5.

[3] 张尚柱，李淑红，于瑞忠，等．根据马铃薯用途巧选品种 [J]．农业知识，2011（22）：45-47.

[4] 韩黎明．马铃薯产业原理与技术 [M]．北京：中国农业科学技术出版社，2010.

[5] 雷尊国．贵州马铃薯产业技术研究与应用 [M]．北京：中国科学技术出版社，2010.

[6] 邹学校．中国蔬菜实用新技术大全：南方蔬菜卷 [M]．北京：北京科学技术出版社，2004.

[7] 崔杏春．马铃薯良种繁育与高效栽培技术 [M]．北京：化学工业出版社，2010.

[8] 杨占国，张玉杰．甘薯马铃薯高产栽培与加工技术 [M]．北京：科学技术文献出版社，2010.

[9] 谭宗九．马铃薯高效栽培技术 [M]．2 版．北京：金盾出版社，2010.

[10] 徐洪海．马铃薯繁育栽培与贮藏技术 [M]．北京：化学工业出版社，2010.

[11] 封小东，陈廷祥，王雪红．马铃薯地膜覆盖栽培技术 [J]．现代农业科技，2009（20）：135-138.

[12] 杨佃卿，潘兴梅．马铃薯地膜覆盖高产优质栽培技术 [J]．上海蔬菜，2008（2）：37-38.

[13] 周长安．马铃薯间作玉米套种大白菜栽培技术 [J]．北京农业，2008（7）：4.

[14] 陈智春．马铃薯间作玉米、白菜高效种植技术 [J]．云南农业，2009（7）：16.

[15] 王得焕，李国秀．马铃薯间作玉米复种烟叶高产高效栽培技术 [J]．青海农技推广，2002（3）：41-42.

[16] 王海燕，王晓玲．马铃薯间作蚕豆的效益评价与栽培研究 [J]．内蒙古农业科技，2007（3）：37-39.

[17] 冉祥春，刘岩．试论夏津县棉花与马铃薯间作的开发前景和建议 [J]．安徽农学通报，2009，15（4）：51-53.

[18] 彭发基．冷凉地区马铃薯机械化种植技术 [J]．现代农业科技，2010（17）：121-124.

[19] 李玉成，赵占兴．马铃薯机械化种植技术在高原地区的应用 [J]．农机化研究，2009（9）：250-252.

[20] 谭庆艳，于诗淼，夏令奇．浅析马铃薯的贮藏技术与方法 [J]．吉林农业，2011（7）：127.